Revit 2019 建筑建模入门实训教程

王华康　潘　飞　编著

东南大学出版社
SOUTHEAST UNIVERSITY PRESS
·南京·

内 容 提 要

Revit是当前流行的建筑类建模软件，本书以一些工程图形的绘制过程为载体，由浅入深、循序渐进地讲授如何运用Revit 2019的建筑建模相关命令，并使用一个综合案例来灵活运用前面学习过的命令，在图形的列举上，力求融会贯通Revit 2019的基本命令，锻炼拓展读者的思路技巧。该书的主要内容包括Revit 2019软件界面、基本图形绘制与修改命令、Revit建筑模型命令、图纸出图和综合案例。全书的内容建立在作者多年的教学和绘制工程图形基础之上，按照学生学习中知识与能力的螺旋上升规律编写。

本书可作为建筑类大中专院校相关专业和培训班的教材，也可供读者自学与参考。

图书在版编目(CIP)数据

Revit 2019建筑建模入门实训教程/王华康，潘飞编著.—南京：东南大学出版社，2020.6

ISBN 978-7-5641-8905-1

Ⅰ.①R… Ⅱ.①王… ②潘… Ⅲ.①建筑设计-计算机辅助设计-应用软件-教材 Ⅳ.①TU201.4

中国版本图书馆CIP数据核字(2020)第086415号

Revit 2019建筑建模入门实训教程

编　　著：王华康　潘　飞
出版发行：东南大学出版社
社　　址：南京市四牌楼2号　　邮编：210096
出 版 人：江建中
网　　址：http://www.seupress.com
电子邮箱：press@seupress.com
经　　销：全国各地新华书店
印　　刷：南京玉河印刷厂
开　　本：787 mm×1092 mm　1/16
印　　张：9.75
字　　数：197千字
版　　次：2020年6月第1版
印　　次：2020年6月第1次印刷
书　　号：ISBN 978-7-5641-8905-1
定　　价：46.00元

本社图书若有印装质量问题，请直接与营销部联系。电话(传真)：025-83791830

前　言

目前市场上有许多使用 Revit 建筑建模类的用书，但对于一位新手或刚入门的用户来说，更需要对具体命令灵活运用，这种运用建立在大量具体图形的绘制与反复思考、比较之上。如果说图形内容是经验的积累，那思考解决的方法是知识的积淀。在此笔者主张在已提供的操作过程基础上，反复揣摩图形的绘制切入点及思路，在实际动手操作中，重基础、勤思索、勇闯冲、多练习，经过一定时间的积淀之后，定会化蛹为蝶、有所收获。

本书在编著时侧重 Revit 建筑建模基本命令、族的基本命令及综合案例的绘制方法与绘制技巧的讲述，对 Revit 的其他专业建模没有讲述；内容编排上注意到教学与自学的实际需要，在书中命令运用的操作过程由详细到思路框架渐变转换，以期达到对所学命令的巩固与灵活运用的目的。

本书的编著人员是江苏城乡建设职业学院从事教学一线的教师，也是在建筑领域工作的专业图形绘制人员。全书共分为七个项目，第四个项目由潘飞编著，其余由王华康编著。

书中的图形尺寸采用的是公制，所有未标注的尺寸数据，总图和标高的单位是米，其余均为毫米。选项卡的上下级关联采用"→"分隔。

本书在编著过程中得到了单位领导和同事们的大力支持，在此深表谢意！但由于时间和编者水平有限，书中错误及疏漏之处在所难免，希望广大读者不吝批评，并对我们的教材提出宝贵意见和建议，或您对书中图形操作有疑问，均可通过 QQ292078107，或者邮件 wanghuakang1818@163.com 联系我们，我们将会尽快给您答复。

编　者

2019 年 8 月 19 日

目　录

项目一

Revit 准备工作

第一节　Revit 基本界面与对象组成体系

一、界面

1. 仿 Office 界面

仿 Office 界面的格式与当前 Office 的界面格式相似(如图 1-1 所示)。

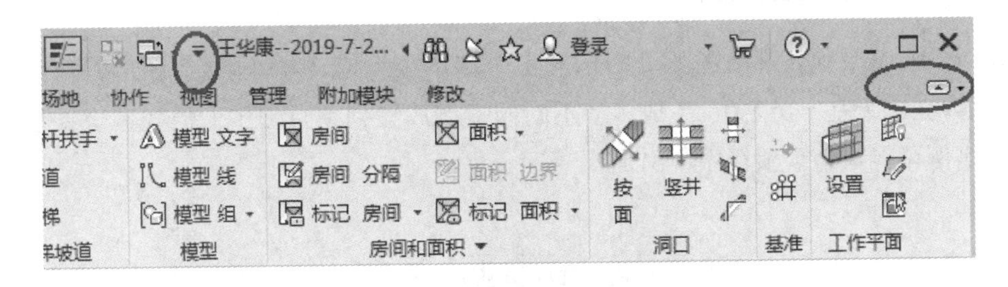

图 1-1

(1) 最左上角为 Revit 软件的图标,在此图标上点击鼠标左键,可出现“新建”“打开”“保存”等最基本的文件操作命令。

(2) 最上面第一行为文件(或文档)最常用的相关图标,如“打开”“保存”“重做”等图标,可点击其右最上面图标的右侧下拉三角形,选择显示或隐藏第一行的常用图标;中间为当前正在编辑的文件名。

(3) 常用图标下面为 Revit 命令选项卡行,它包含了对 Revit 这个软件中图形或文字等进行操作的全部命令,并按分层分组对全部命令进行了组织安排;命令选项卡最右侧有一个下拉三角形,可根据自己的需要调整选项卡的显示方式,也可在“循环浏览所有项”选中的状态下,点击下拉三角形左侧的向下(或向上)三角形图标按钮,可点击观看循环选项卡的显示方式。

2. 科学合理的任务工作流

各选项卡中的命令按分层分组的形式划分，一些命令在执行时，如点击“建筑”选项卡中的“门”，会在选项卡右侧出现“修改|放置门”选项卡，并在此选项卡中自动添加与其相关的操作应用命令。

3. 多视图窗口样式

在正常打开 Revit 后，会出现三个窗口，分别为“属性”窗口、“视图编辑”窗口和“项目浏览器”窗口。

“视图编辑”窗口可最大化、最小化和还原。“属性”和“项目浏览器”这两个窗口可以调整自己喜欢放置的位置，用鼠标放在窗口上面蓝色区域，按住鼠标左键不放，可拖动到某一边；还可以用鼠标调整其窗口的边界。

在 Revit 中，还可以通过点击“视图”选项卡中的“用户界面”右侧的下拉三角形按钮，在出现的选项中通过多选框的是否选中状态切换来显示或隐藏一些窗口。

4. 命令行隐藏格式

与 AutoCAD 不同的是：在 Revit 中看不到命令行窗口，但通过整个软件在当前选中运行状态模式下接受命令。如执行“参照平面”命令时，输入“RP”，不需要按回车键时，就已在参照平面命令的运行状态了。

二、Revit 对象组成体系

Revit 中，每个项目都由图 1-2 所示的三个基本类组成，但实际绘制图形时，会根据具体的内容，在三个基本类之上，生成多个不同的实例放置到项目之中。但我们也要理解，有些类的实例可能在某个项目中不出现。

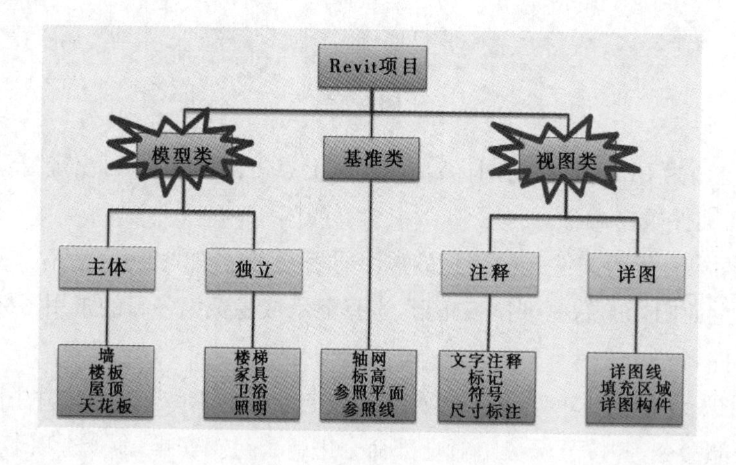

图 1-2

对于图 1-2 中最下面的具体内容（子类或族），我们可能会通过模板或自定义的形式来创建某大类中的子类，即 Revit 中的“族”。这些创建或制作的方法，我们会在后面相关章节中详细讲述。

族可以嵌套，也可以在 Revit 项目状态下，将族加载后，拖入具体项目文件中形成实例。

第二节 Revit 启动准备工作

一、“选项”中的内容设置

点击 Revit 左上角的图标，然后点击出现的“选项”，出现如图 1-3 所示的对话框。在此对话框中，用户可以设置一些内容，如文件存放的位置、文件自动保存时间的间隔等。

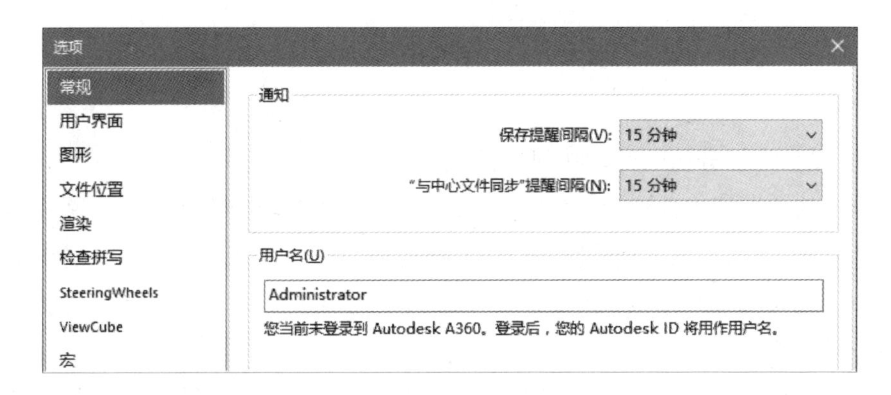

图 1-3

二、打开的模板(样板)

在新建项目时，会要求用户选择新建的项目样板类型对话框，如图 1-4 所示，此处，作为 Revit 的基本入门学习，我们选择“建筑样板”。

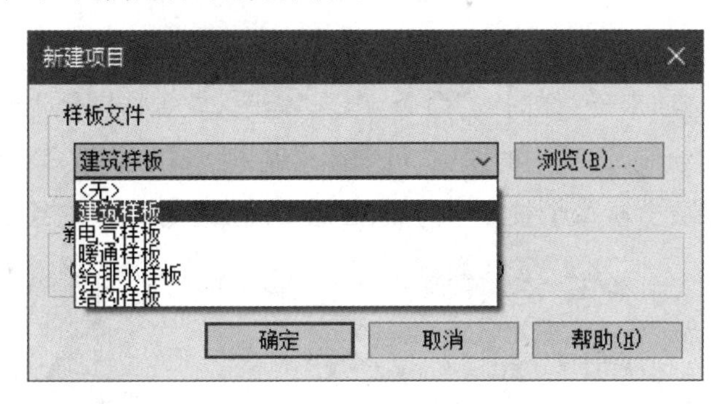

图 1-4

样板文件打开时，也可使用“浏览”按钮，打开相应的样板文件。

我们此部分的文件操作，除族外，都是在建筑样板类型项目下进行的。

项目二

Revit 基本操作命令

第一节　常用线形绘制

Revit 中的线主要分成两种，即模型线和详图线。

模型线是工作平面中的图元，存在于三维空间且在所有视图中都可见。这些模型线可以绘制成直线或曲线，可以单独绘制，链状绘制或者以矩形、圆形、椭圆形或其他多边形的形状进行绘制。由于模型线存在于三维空间，因此可以使用它们表示几何图形（例如，支撑防水布的绳索或缆索）。

与模型线不同，详图线仅存在于绘制时所在的视图中，仅当前视图可见。默认状态下绘制时，详图线为黑色，模型线为绿色。

可以将模型线转换为详图线，反之亦然。但转换后，线的颜色不会发生改变。

此部分考虑本书的色彩为黑白色，使用的是详图线，建议实际绘制时使用模型线。本书中仅讲述线的基本绘制方法，不对它们作详细的探讨。

一、直线

1. 执行“注释”选项卡→“详图线”命令，出现“修改|放置详图线”选项卡，如图 2-1 所示，观察此选项卡中“绘制”选项中的图标，可知能绘制直线、矩形、正多边形、圆、圆弧、椭圆、样条曲线等。**自己独立分析每个按钮中的点，注意不同图形线命令的绘制方法。**

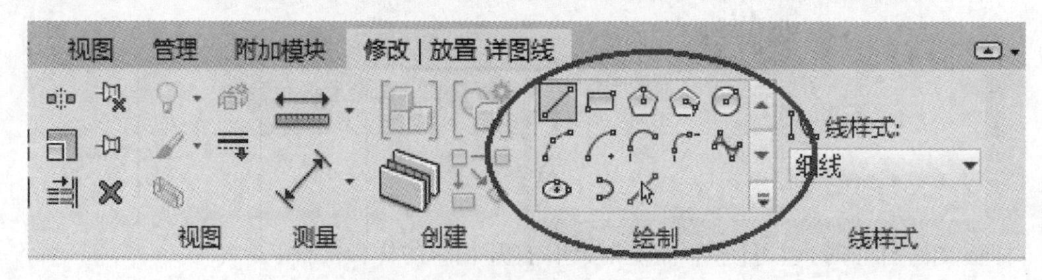

图 2-1

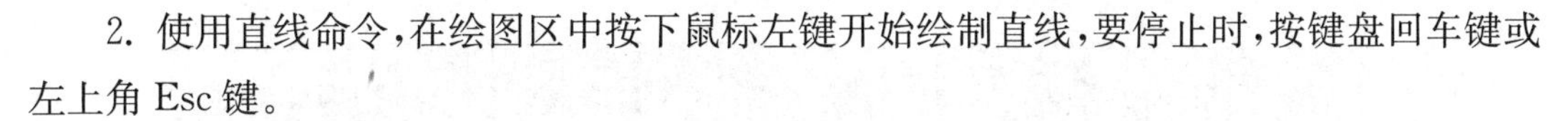

2. 使用直线命令，在绘图区中按下鼠标左键开始绘制直线，要停止时，按键盘回车键或左上角 Esc 键。

3. 练习绘制如图 2-2 中的直线，水平线长任意，斜线长 400，与水平线夹角为 30 度。

4. 修改刚才绘制的直线长度为 400，角度为 60 度。

5. 再练习单独绘制一倾斜直线，长度 400，角度 30 度；然后将其修改为角度 60 度；观看与有水平线时的直线的区别。并请用自己的语言写出其区别在于：____________________________

________________________________。

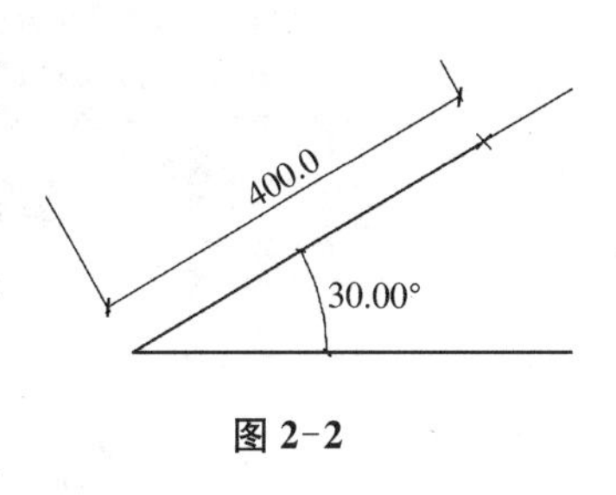

图 2-2

其原因在于当两线段相互连接时，相互之间存在“图元连接关系”。

6. 练习点取直线，会发现直线上出现两个端点，此时用鼠标点取任一点后，按住鼠标左键不放，拖动鼠标到任意位置，观察直线的变化。

二、矩形

1. 请读者先观看矩形图标的样式，然后绘制如图 2-3 的矩形。

2. 请读者绘制如图 2-4 所示的矩形，注意图 2-4 中半径的数值设置。

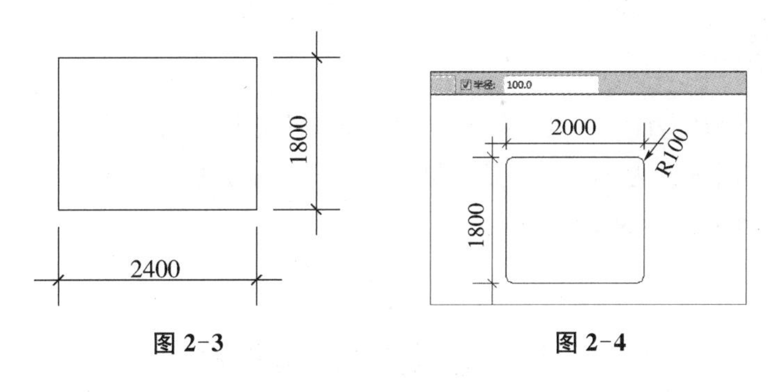

图 2-3　　　　图 2-4

3. 请读者用鼠标选中刚才绘制的矩形中的任一直线段，在此线上出现移动光标后，按住鼠标左键不放，将其拖动到新的位置，观看此矩形的变化。

4. 按上一条中的步骤操作，拖动矩形中的圆弧，观看变化。

三、正多边形

1. 正多边形有两个图标，为内接和外接两种，鼠标分别放在两图标上，观看它们的区别，可发现内接时正多边形在圆的里面，外接时正多边形在圆的外面。

2. 点击内接正多边形图标，在其下出现的参数状态栏处修改为七边形，绘制正七边形，内接圆的半径为 2000，操作过程如图 2-5 所示。

3. 同样方法，请尝试使用外接正多边形方法绘制正五边形，外接圆的半径为 2000。

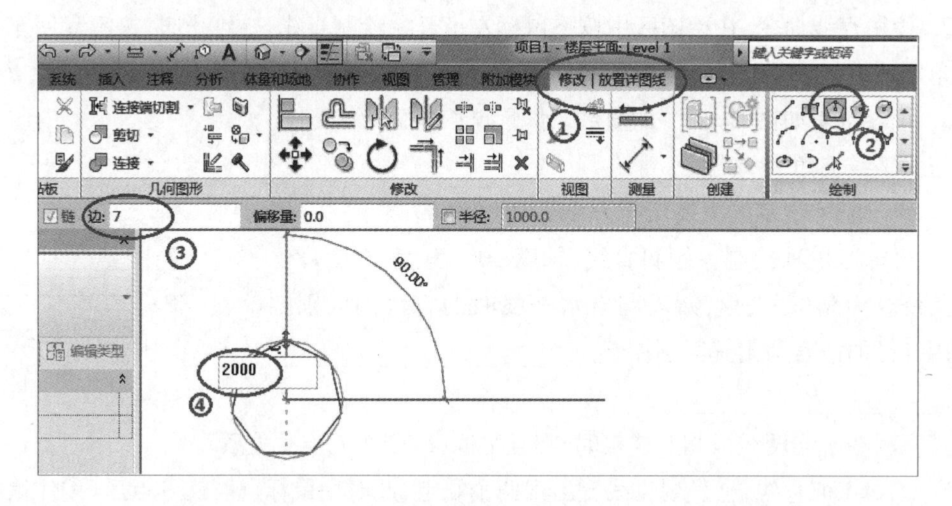

图 2-5

四、圆、椭圆、椭圆弧、圆弧线、样条曲线

与前面的方法类似，请读者仔细观看图标后，尝试绘制圆、椭圆、椭圆弧、圆弧线、样条曲线。

五、练习运用

运用前面所学习的方法，绘制如图 2-6 所示的正五边形中的五角星，正五边形内的圆半径为 1000，并尝试进行标注（五角星中两直线目的是为标注找到五边形的正中心）。

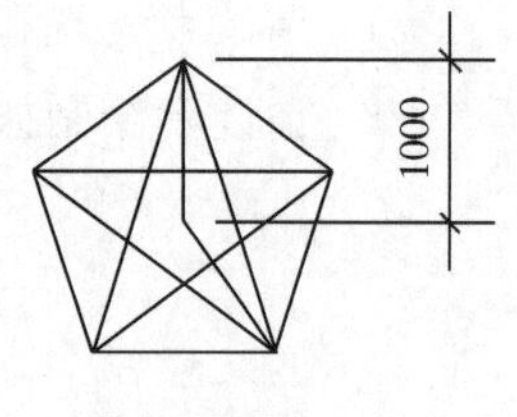

图 2-6

第二节　选择方式与修改命令

一、常用选择方式

Revit 的选择方式在 CAD 的选择方式基础上增加了构件过滤器性质的选择，构件过滤器的选择方式与 CAD 中图层的选择方式的出发点有点类同。

1. 点选（按住 Ctrl 不放再点选是增选，按住 Shift 键不放再点选是减选）

Revit 的选择方式中最常用的是点选，可在选择一个对象或构件后，按住 Ctrl 键再添加选择其他的对象或构件。如多选择了，可按 Shift 键将多选中的对象或构件从已选中的内容中去除。

2. 框选

与 CAD 的框选方法相同，即为**“正向包含，反向交叉”**的框选方式。

3. 构件过滤器命令

本书作为入门级教程，对此部分不作讲述。

二、删除命令

常用操作过程：

方法 1　直接使用鼠标左键点击需要删除的直线，按键盘 Delete 键即可删除。

方法 2　直接使用鼠标左键点击需要删除的直线，出现“修改|线”选项卡，在此选项卡中，点击“删除”图标按钮命令，即可删除。

如删除中出现误操作，按住键盘 Ctrl＋Z(按住 Ctrl 键不放，再按 Z 键)，可撤消刚才的操作。

三、移动与旋转命令

移动命令与旋转命令两者都有一个参照基点(旋转命令的基点转变为旋转中心点)和目标位置，且原来位置处的对象不复存在。

1. 移动命令

移动命令是将一个或一些对象从原来位置移动到一个新的位置，且原来位置处的对象不再存在。操作方法如图 2-7 所示。

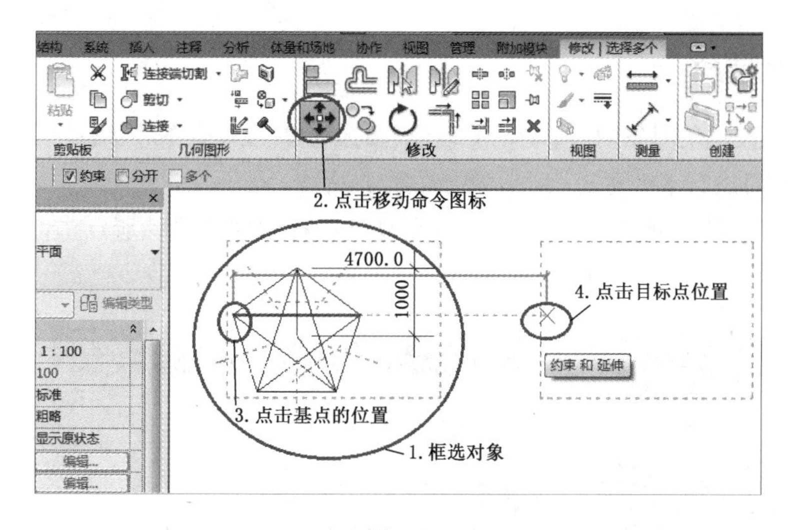

图 2-7

再次执行移动命令，修改命令状态栏中的“约束”和“分开”两个复选项，观看操作过程中有何不同。

2. 旋转命令

旋转命令是以某一圆心将对象旋转一个角度。旋转命令在执行时，默认状态下会自动选择对象组的中心位置，**如此位置不是用户需要的位置时，用户可移动此中心位置到自己需要的地方**。操作方法如图 2-8 所示。

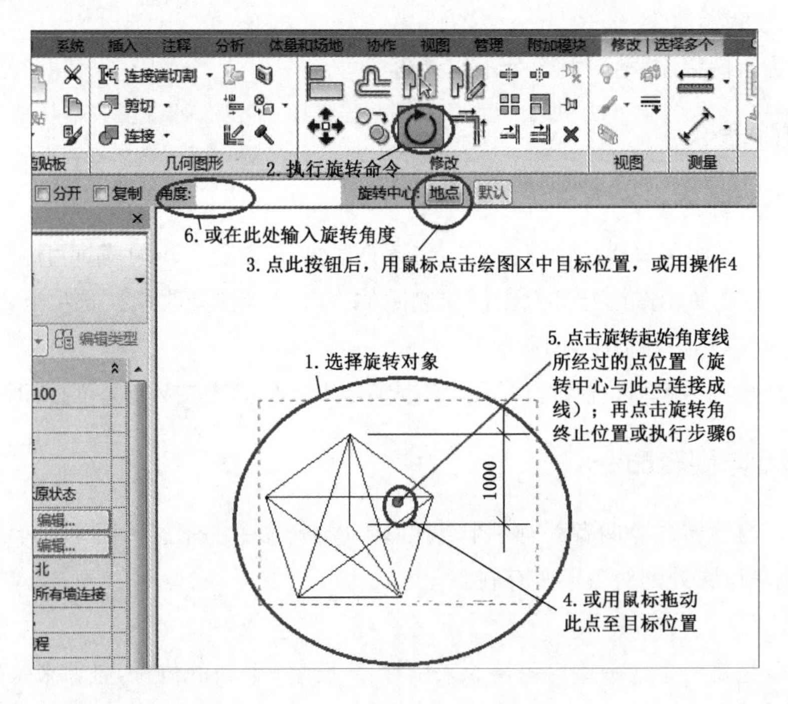

图 2-8

四、复制命令

1. 选择要复制的对象内容后，点击“复制”图标按钮，在命令参数状态栏中，有“多个”参数，如选中，则可进行多个复制，否则每次只能复制一个。

2. 注意复制时基准点的确定，基准点在复制过程中即为鼠标所点击的参数点，如图 2-9 所示。

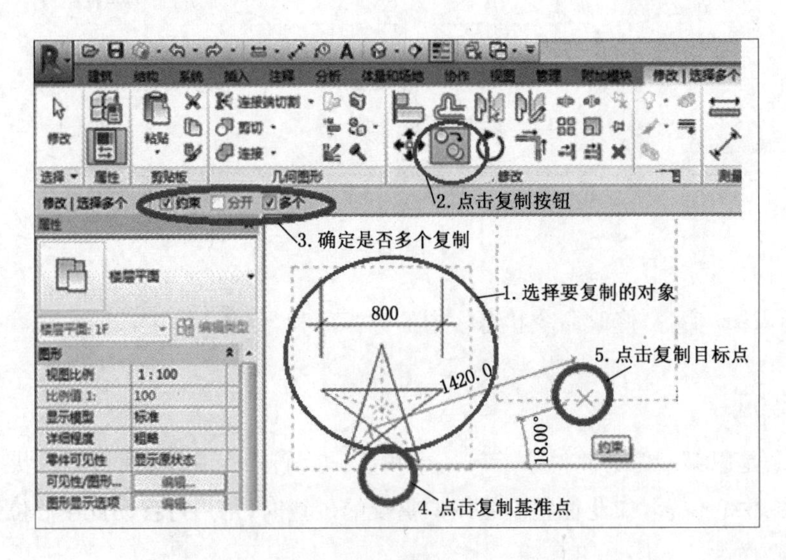

图 2-9

五、偏移命令

产生偏移效果有两种方式：一种是在图形绘制时使用偏移量数值实现偏移，另一种是使用偏移命令实现。此处只是偏移命令的使用，操作方式如图 2-10 和图 2-11 所示。

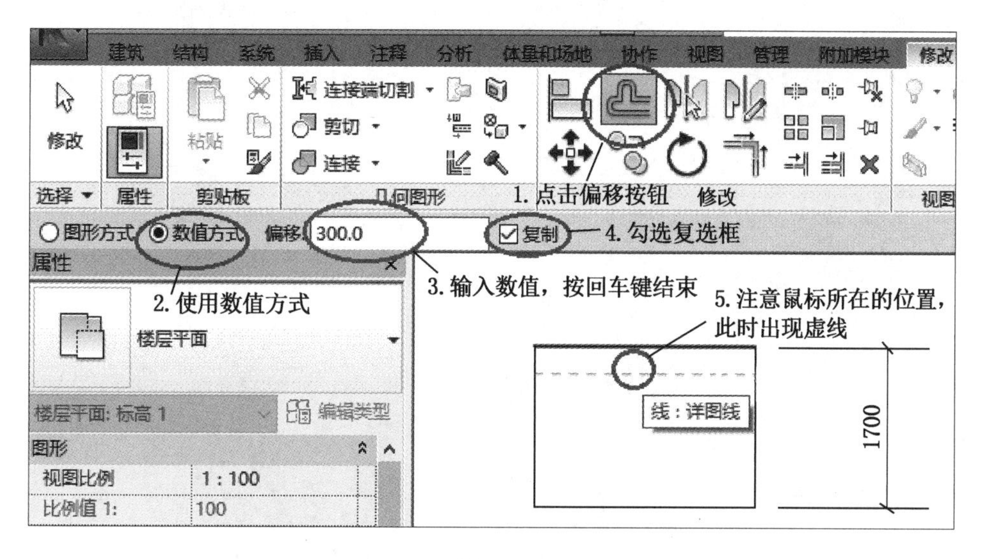

图 2-10

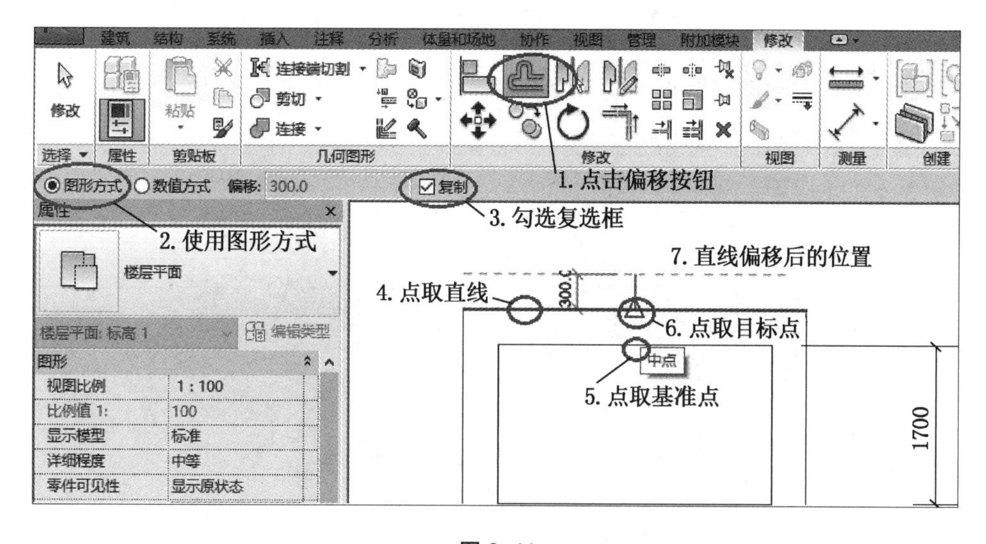

图 2-11

六、镜像命令

镜像图标有两个，差别是镜像对象与目标对象之间是否使用了已存在的中间线(或称为镜像线，即镜像轴)。此处只介绍使用绘制轴方式，操作方式如图 2-12 所示。

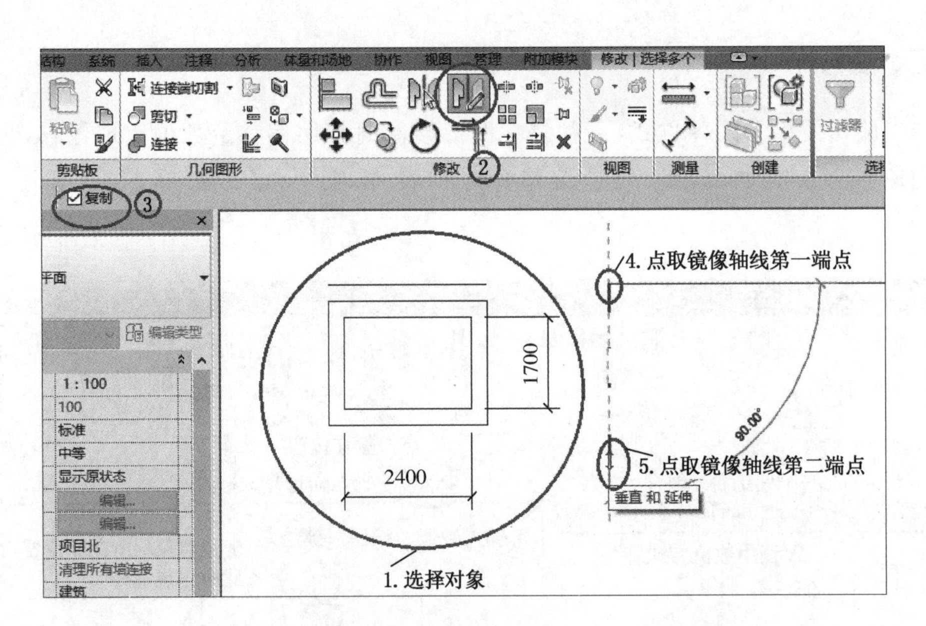

图 2-12

七、缩放命令

缩放命令中的比例关系为:1 是原来大小,比 1 大则放大,比 1 小则缩小,但不得小于等于 0。

缩放命令也有图形方式和数值方式两种。

(1) 数值方式:操作方法如图 2-13 所示。

(2) 图形方式:操作方法如图 2-14 所示。

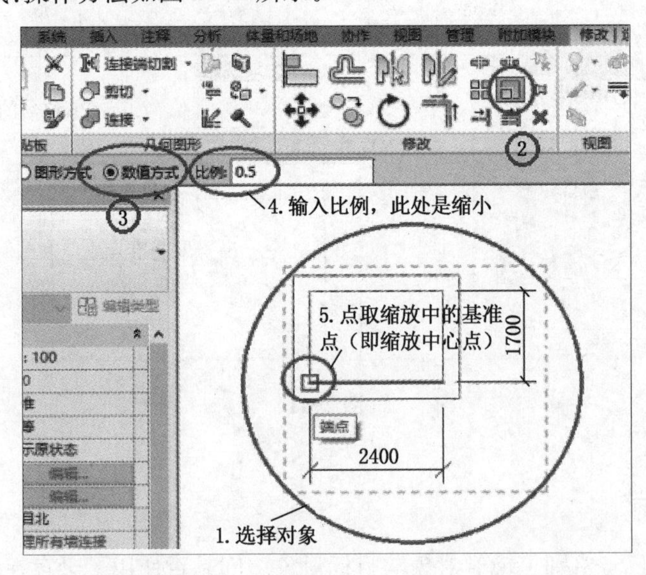

图 2-13

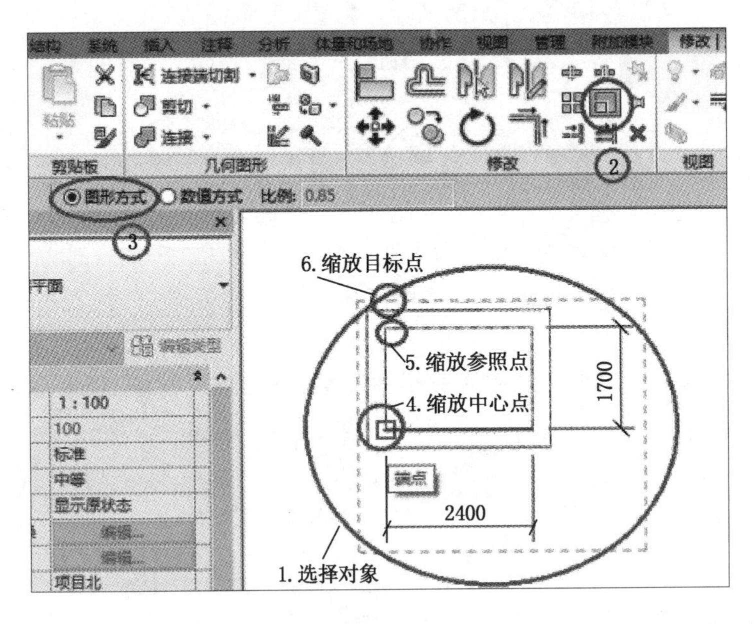

图 2-14

八、阵列

Revit 中的阵列分为线形阵列和环形阵列，如要实现矩形阵列，还要在线形阵列后再使用一次线形阵列。

(1) 线形阵列：操作过程如图 2-15 所示。

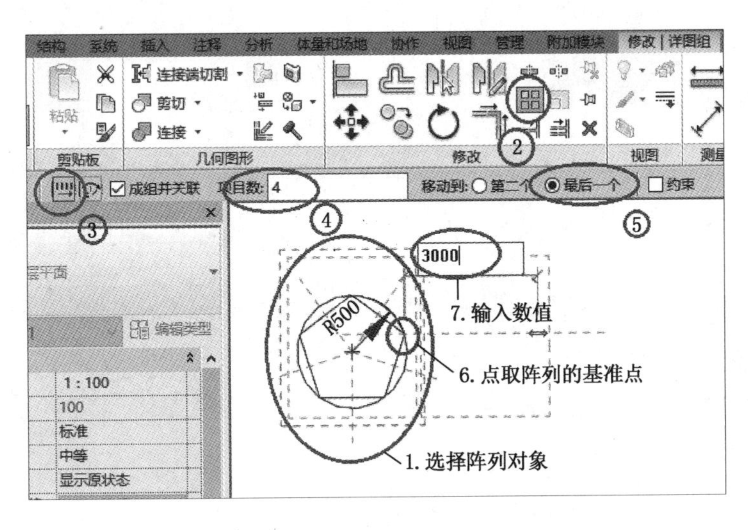

图 2-15

对图 2-15 执行的结果，可再次点击阵列后的数字，修改线形阵列的个数，如图 2-16 所示。

(2) 环形阵列：操作过程如图 2-17 所示。

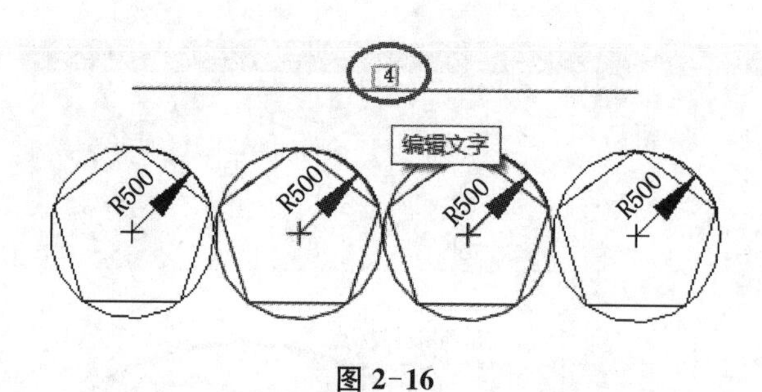

图 2-16

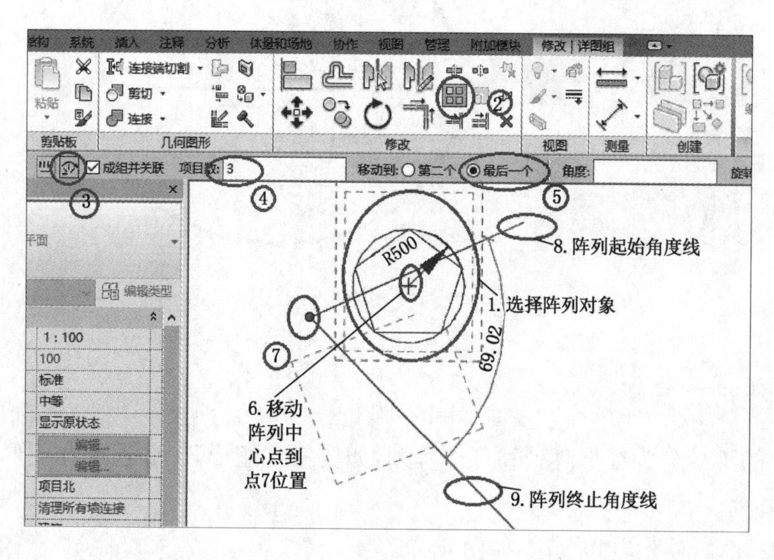

图 2-17

九、打断(拆分)命令

拆分有两个,一个是图元拆分,另一个是墙体拆分。此处讲授图元拆分。

操作过程举例如下:

(1) 使用"注释"选项卡中的"详图线"命令,绘制一直径为 100 的圆。

(2) 使用鼠标点选此圆,会出现"修改|线"选项卡。

如图 2-18 所示,执行拆分图元命令,此时鼠标在绘图区变为小刀的形状,分别点取圆形的 1、2 两点位置,此时将圆分割成两个圆弧,可使用鼠标分别拾取、删除,或使用夹持点拖动改变圆弧。

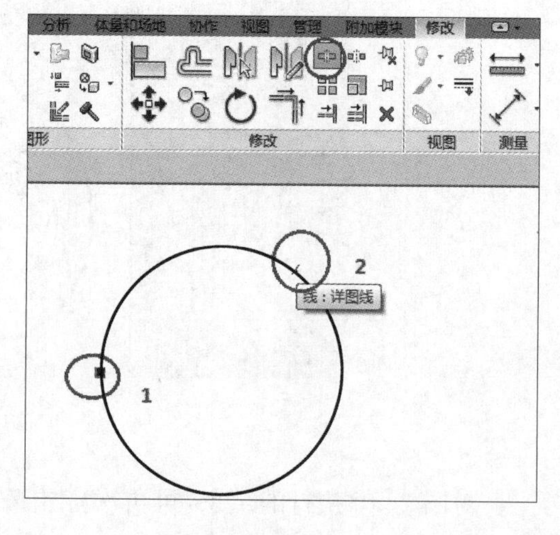

图 2-18

十、修剪/延伸(单个延伸/多个延伸)命令

修剪、单个延伸、多个延伸是同一组命令，它们的操作性质是：两线或多线，如相交，则保留鼠标点击到的相交部分线段，修剪去未点击到的部位；如不相交，则延长至点击到的线段作为延长边界。操作举例如图 2-19 和图 2-20 所示。

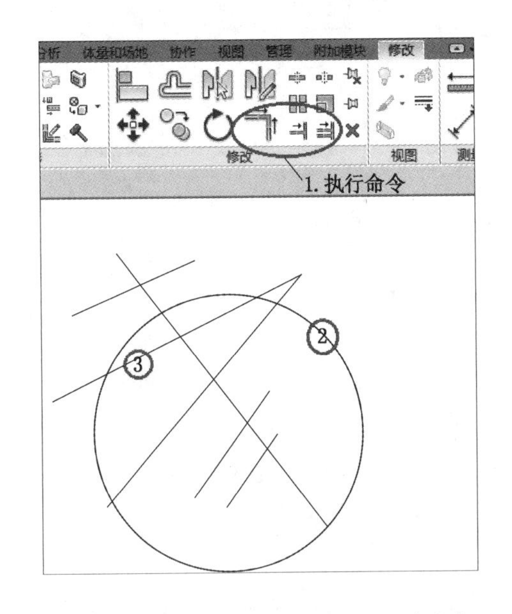

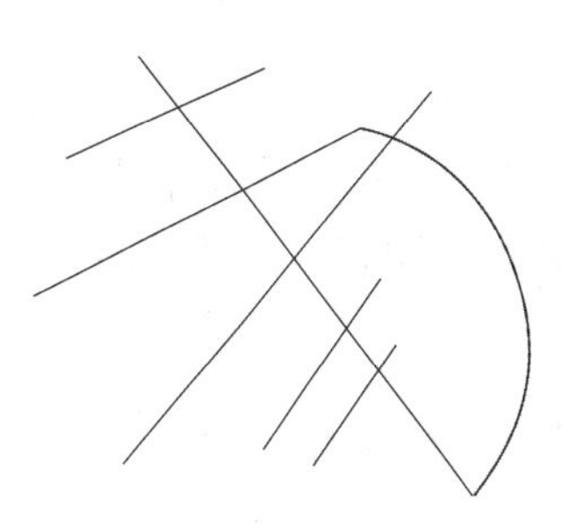

(a) 执行修剪/延伸多个图元命令时的点击次序　　(b) 结果

图 2-19

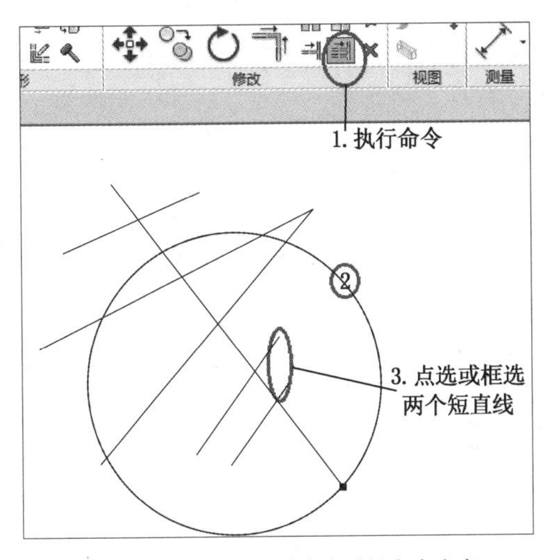

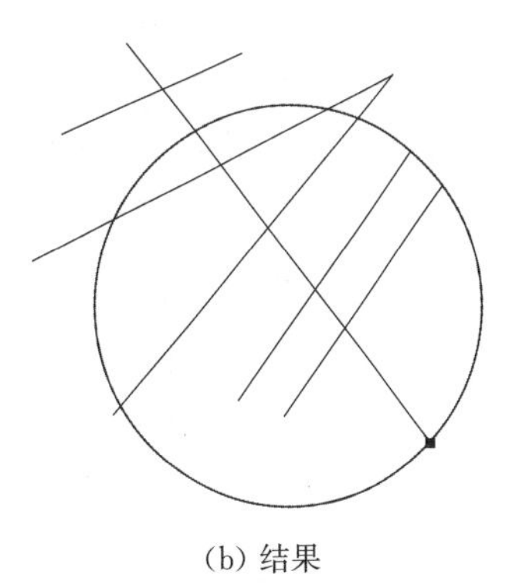

(a) 执行修剪多个延伸命令时的点击次序　　(b) 结果

图 2-20

十一、对齐命令

对齐命令是将两个物体按某个边界对齐，对立体的物体，是按边界或某一直线的垂直平面对齐，对单条直线，则是在当前的平面状态下的线对齐。平面中两直线对齐时，注意是当前线段点的位置向目标直线段处延伸。对齐命令对曲线性质的对象不起作用。

对齐命令操作举例如图 2-21 所示，执行对齐命令后，先点取直线，后点取点 1、2 间的线段；再执行对齐命令，先点取直线，后点取点 3、4 间线段。

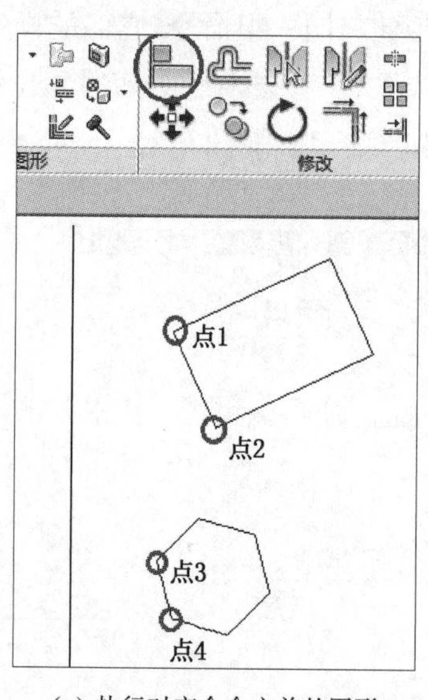

(a) 执行对齐命令之前的图形

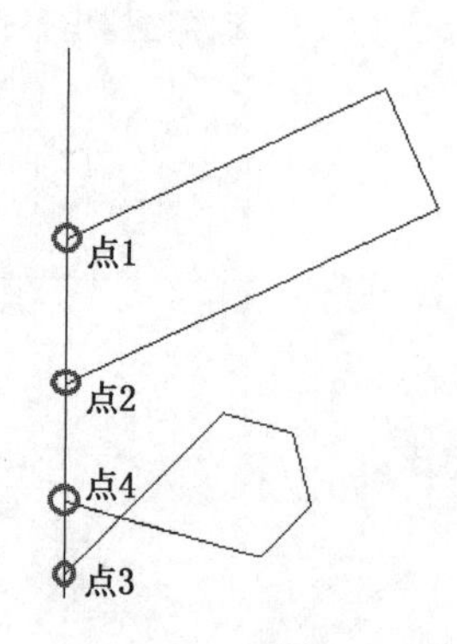

(b) 结果

图 2-21

十二、锁定/解锁命令

锁定命令的作用是防止对象被误操作，如防止被移动、被误删除等，点击任一对象后，执行锁定命令。

如需要对某一锁定对象进行修改操作，则先执行解锁命令。

这两个命令操作相对简单，不再对此举例。

项目三

Revit 建筑建模轻松入门

第一节 两层建筑楼层图形认识

在绘制图形之前，我们先细致分析阅读图形，图形目标如图 3-1、图 3-2 和图 3-3 所示。

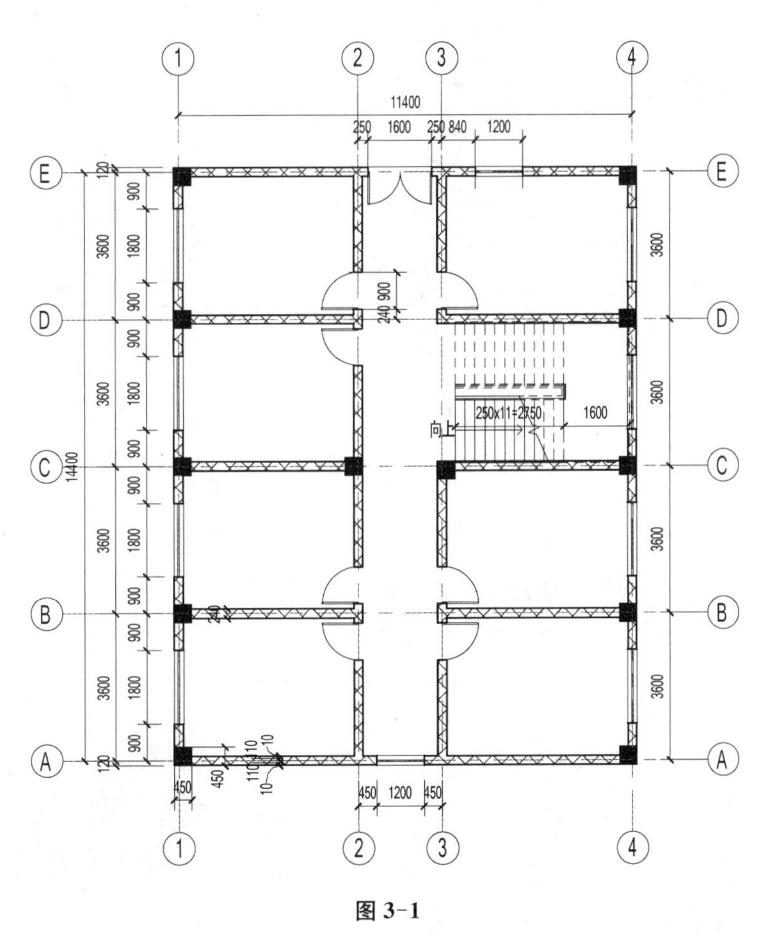

图 3-1

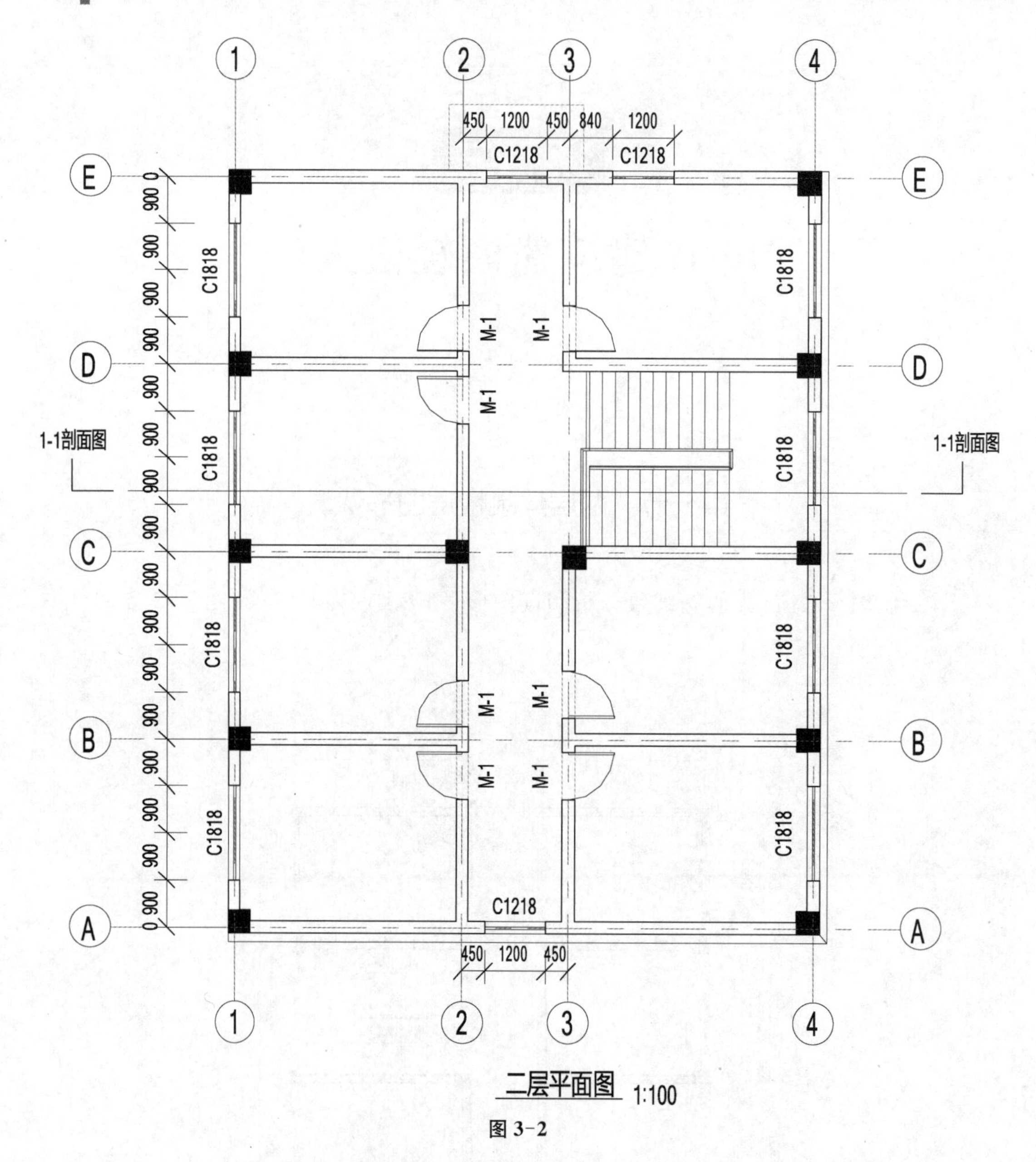

图 3-2

图 3-1 为两层办公楼的一层建筑平面图形，C 轴上有柱子四根，A、B、D、E 四个定位轴线上各有两根柱子，柱子尺寸为 450 mm×450 mm。外墙和内墙的核心层厚度均为 220 mm，外墙有 10 mm 的瓷砖贴面，外墙内侧和内墙两侧均有 10 mm 的粉刷层，轴线位于墙体正中。每层层高 3000 mm，二层双开门处为 1200 mm 宽的窗户，屋顶为走廊中间向两边坡度为 2%的平顶屋，女儿墙高900 mm，楼梯的数据见后面相关内容，门窗数据见表 3-1。

图 3-3

表 3-1 门窗表

类型	宽度/mm	高度/mm	数量/个	底高/mm
单开门 900×2100	900	2100	14	0
双开门 1600×2100	1600	2100	1	0
推拉窗 1200×1500	1200	1500	3	900
推拉窗 1800×1500	1800	1500	16	900

第二节 两层建筑楼层图形绘制

一、新建项目

新建 Revit 项目，选择“建筑样板”，并保存为自己的姓名。

二、层高设置

1. 在“项目浏览器”窗口中，选择“立面”中“东、北、南、西”的任一个双击鼠标，切换到相应的立面中，出现如图 3-4 所示的内容，点击“标高 1”，修改为“1F”，并在之后出现的提示中，点击“是”按钮，则“项目浏览器”窗口中的“楼层平面”下的“标高 1”改名为“1F”。

2. 同样修改绘图区中“标高 2”的文字为“2F”。

3. 在绘图区中点击左侧的“显示编号”方框，如图 3-4 所示，则左侧出现相应的楼层平面标识。

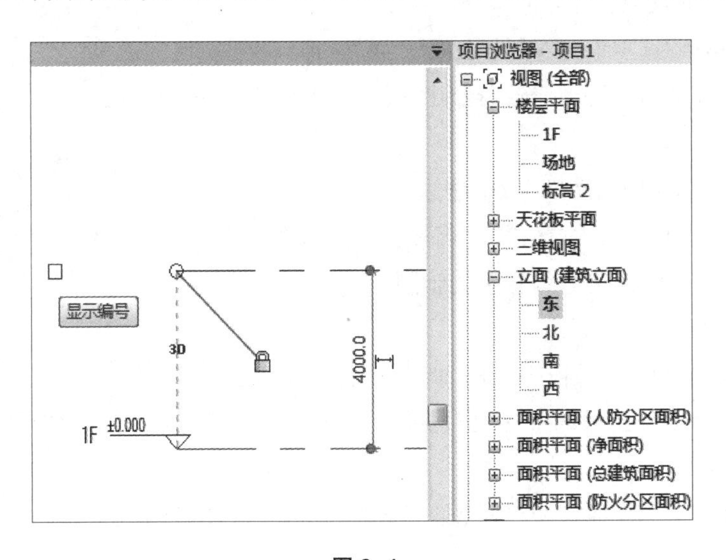

图 3-4

4. 点击图 3-4 中绘图区中的数据“4000”，将其改为“3000”(因一层层高为 3000 mm)。也可以通过点击标高符号上的“4.000”，将其改为“3”。

5. 使用多个复制方式,将“2F”标高线向上复制,产生“屋面”和“女儿墙”标高线,标高数据和名称如图 3-5 所示。注意,此处两个标高线的名称是在复制完成后修改的。

6. 执行“视图”选项卡→“平面视图”→“楼层平面”命令,出现“新建楼层平面”对话框,按住 Shift 键(也可使用 Ctrl 键,Shift 键是连续选择,Ctrl 键是不连续选择)不放,使用鼠标点击选中最后一个,然后点击“确定”,这时可观察到“项目浏览器”窗口中的“视图”→“楼层平面”下,多了“屋面”和“女儿墙”两个楼层平面。结果如图 3-6 所示。

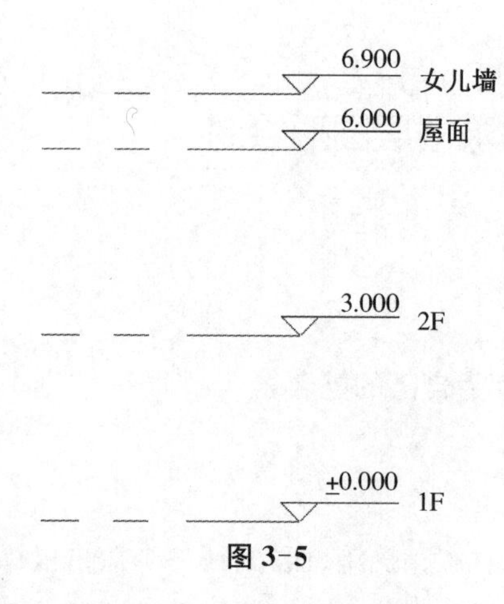

图 3-5

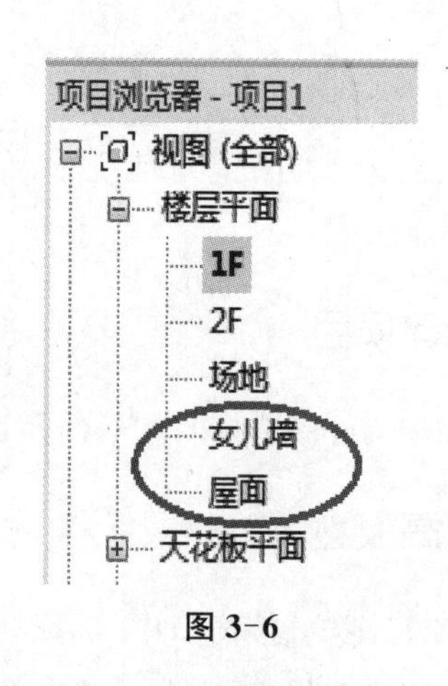

图 3-6

三、绘制轴网

1. 在项目浏览器中,双击楼层平面中的“1F”,绘图区出现四个方位的立面视点。

2. 点击“建筑”选项卡→“轴网”图标,“属性”窗口出现如图 3-7 所示的选项,建议分别选择绘制一下,来认识比较三者间的不同。

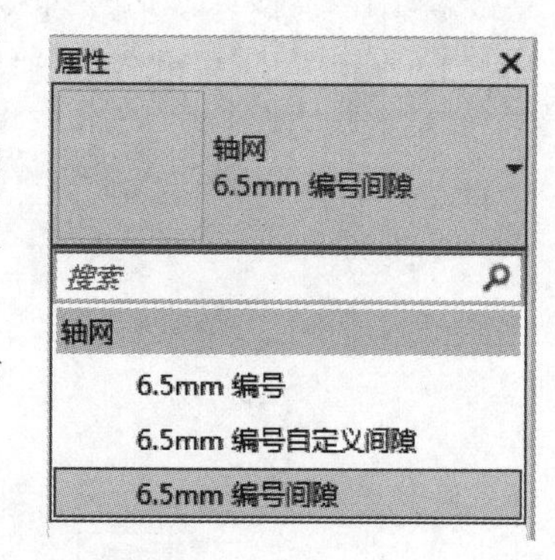

图 3-7

3. 在“属性”窗口中选择“6.5 mm 编号”,点击下面一行中右上角的“编辑类型”,在出现的对话框中,将颜色修改成“红色”。

4. 在绘图区中绘制第一根垂直的轴网,并置编号为“1”,使其两端编号均显示。

5. 选择已绘制的第一根垂直的轴线,执行多个复制操作,将鼠标向右水平移至远离第一根轴线位置,但不要点击鼠标左键,此时依次输入下列数据:4500,2100,4800。

6. 绘制第一个水平轴线,并将其编号修改为“A”,且使其两端编号均显示(注意,此处由下向上绘制)。

7. 执行多个复制操作,将鼠标垂直向上移至远离轴线 A 的位置,依次输入 4 个“3600”数据。

8. 如果绘制轴网时出现如图 3-8 所示的情况,则可通过鼠标选中边界上的轴线,此时靠近轴线编号处出现一个圆形标识，可通过鼠标左键点在此点上且按住不放，拖动此点到目标位置后松开鼠标。

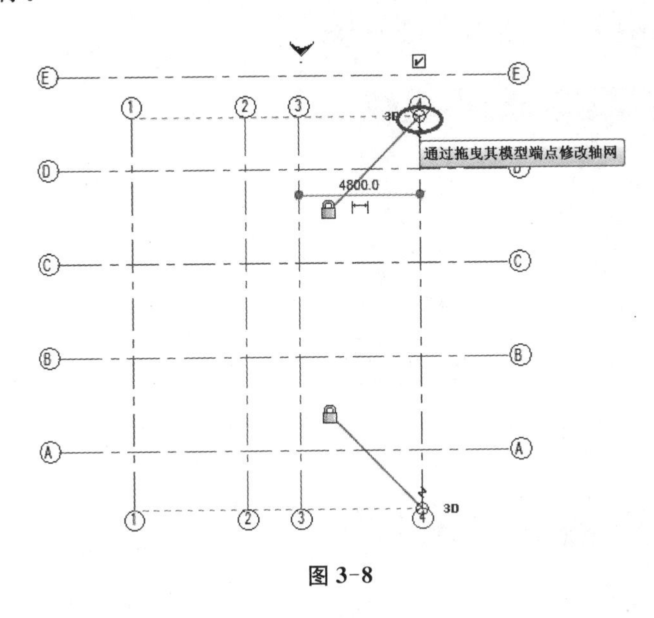

图 3-8

四、绘制柱子

1. 执行"建筑"选项卡→"柱"→"建筑:柱"命令，在"属性"对话框中，点击"编辑类型"按钮，会出现"类型属性"对话框。

2. 点击"类型属性"对话框中的"复制"按钮，在出现的"名称"窗口中，修改新的尺寸为"450×450 mm"，然后点击"确定"按钮，如图 3-9 所示。

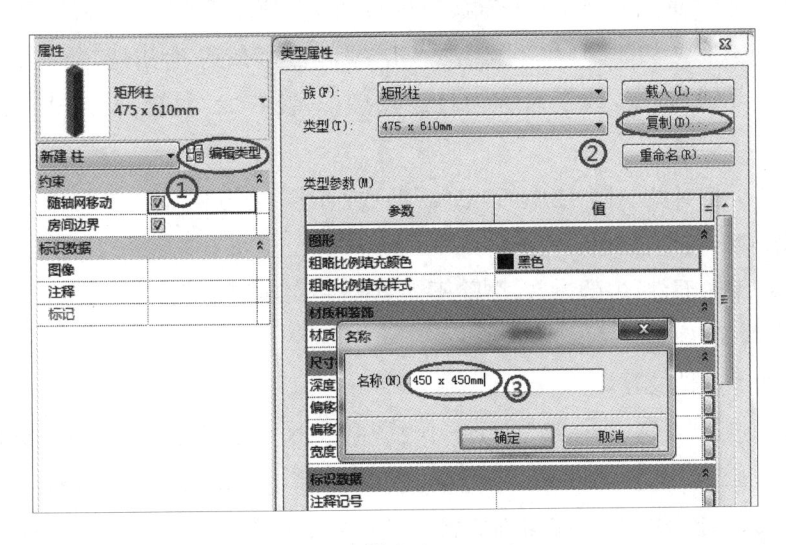

图 3-9

3. 修改"类型属性"对话框中的尺寸，如图 3-10 所示，然后点击"确定"按钮。

4. 观察此时的“属性”窗口中的参数，确保“底部标高”为“1F”，“顶部标高”为“2F”，“底部偏移”为“0”。

5. 在图中绘制柱子，结果如图 3-11 所示。

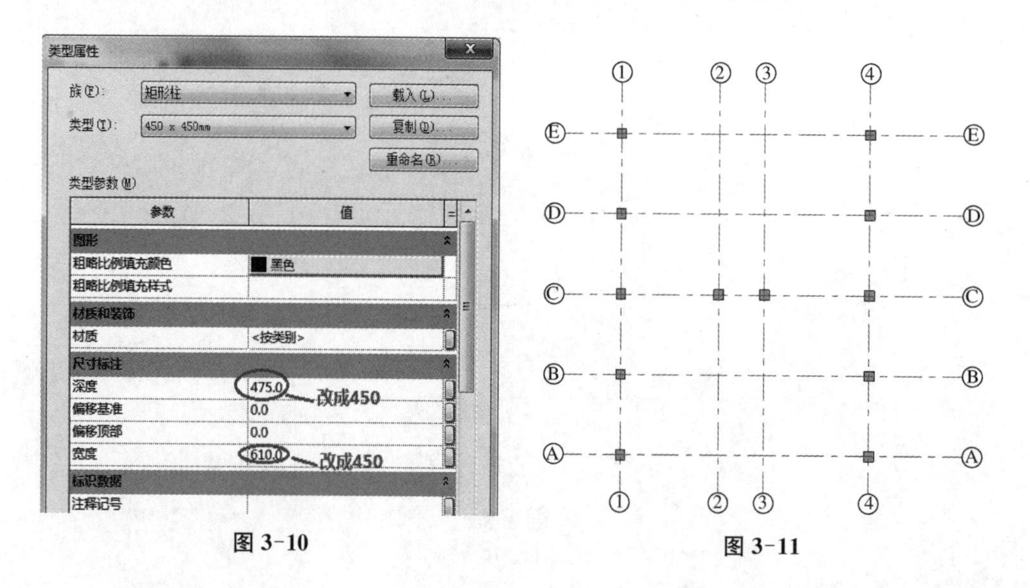

图 3-10　　　　图 3-11

五、设置墙体参数

根据第一节中的描述：“外墙和内墙的核心层均为 220 mm，外墙有 10 mm 的瓷砖贴面，外墙内侧和内墙两侧均有 10 mm 的粉刷层”，我们来设置墙体的相关属性。

1. 设置外墙属性参数

(1) 执行“建筑”选项卡→“墙”→“墙：建筑”命令，在“属性”窗口中，选择墙体的类型为复合墙体的类型，如“CW 102-50-100p”，然后点击“编辑类型”按钮，会出现“类型属性”对话框。

(2) 点击“复制”按钮，改变名称为自己熟悉的名称，如“复合外墙-10 瓷砖-220 核心-10粉刷”。

(3) 修改“类型属性”对话框中的“结构”参数，点击“结构”参数中的“值”里的“编辑”按钮，会弹出“编辑部件”对话框。

(4) 修改“编辑部件”中的参数，删除不需要的一些层，其参数结果如图 3-12 所示。

(5) 点击两次“确定”按钮。

2. 设置内墙属性参数

(1) 执行“建筑”选项卡→“墙”→“墙：建筑”命令，在“属性”窗口中，选择墙体的类型为基本墙体的类型，如“常规-200 mm”，然后点击“编辑类型”按钮，在出现的对话框中点击“复制”按钮，修改其名称为自己便于识别的名称，如“常规内墙-10 粉刷-220 核心-10 粉刷”。

(2) 修改结构参数，在出现的“编辑部件”对话框中，点击两次“插入”按钮，并使用“向上”或“向下”按钮，使得一个移到最上，一个移到最下。

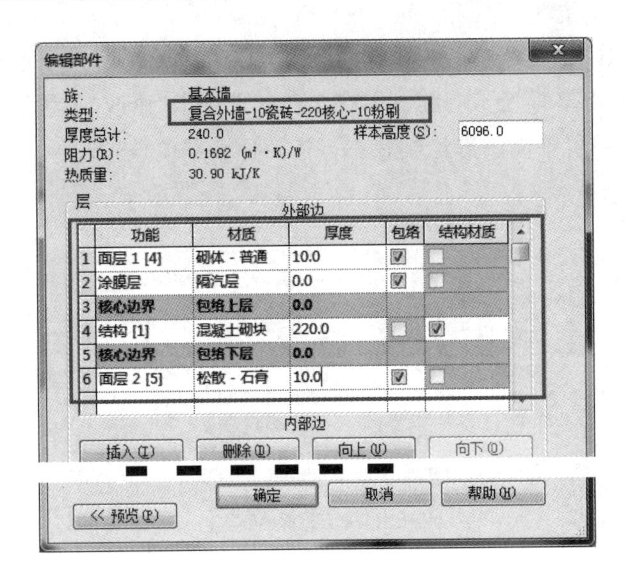

图 3-12

(3) 修改最上的“功能”为“面层 1 [4]”,最下的“功能”为“面层 2 [5]”。

(4) 修改相应的“材质”和“厚度”参数,结果如图 3-13 所示。

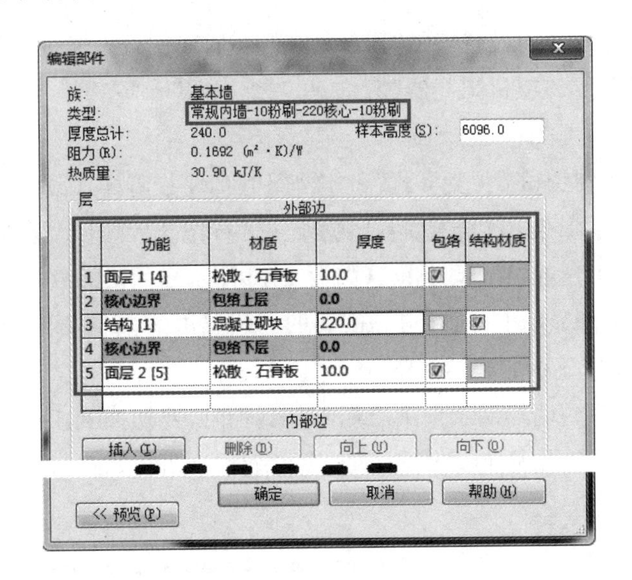

图 3-13

说明:此处设置的墙体类型,在点击“确定”后,会自动保存在当前项目中。如用户觉得心里没底,请按 Ctrl+S 键快速保存当前项目。

六、绘制墙体

1. 在“项目浏览器”窗口中,点击“楼层平面”→“1F”,使得当前绘图区进入一层平面图形绘制状态。

2. 执行“建筑”选项卡→“墙”→“墙：建筑”命令，在“属性”窗口中选择前面创建的外墙“复合外墙- 10 瓷砖- 220 核心- 10 粉刷”，在出现的选项卡“修改|放置墙”的状态栏处，修改相应的参数，然后在一层平面图形绘制状态下任一外墙部位点击起始点，沿顺时针方向绘制外墙，如图 3-14 所示。

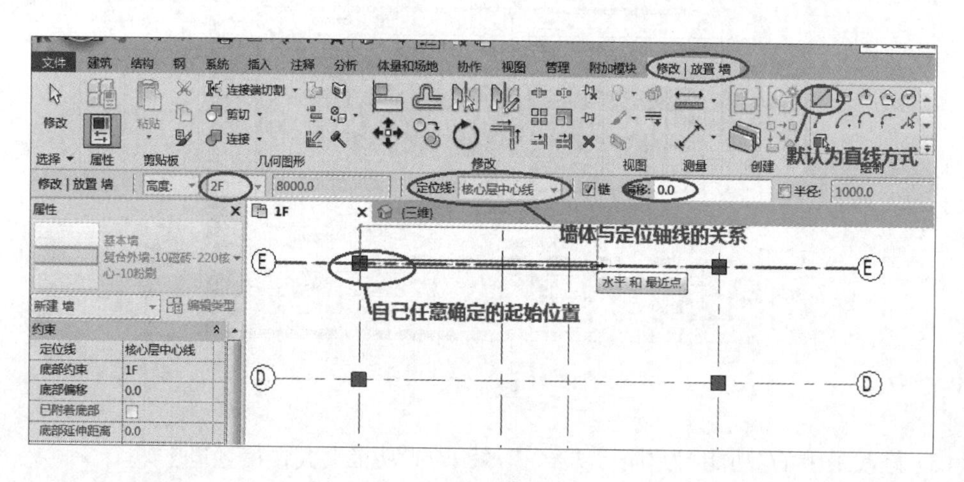

图 3-14

3. 如果没有在上一步中设置墙的“顶部约束”关系，我们可以通过如下步骤进行修改：

(1) 点击三维图标或“项目浏览器”窗口→“三维视图”→“三维”或“3D”，绘图区进入三维的显示状态。

(2) 修改视图控制栏中的“视觉样式”和“详细程度”，将视觉样式改为“真实”，详细程度改为“精细”(用户可以选择其他几个样式，自己观察比较不同组合状态下已绘制的墙的显示结果)。

(3) 在绘图区右上角的“View Cube”(如图 3-15 所示)，用鼠标放置到其几个角落，注意观察此时 View Cube 的显示变化，在自己需要的方位点击 View Cube 上相应的点时，绘图区中的图形会进行相应显示方位的调整。

(4) 如果此时观察到墙绘制结果中出现内外倒置时，要切换到 1F 的平面图形中，点选该墙，如图 3-16 所示，会出现“修改墙的方向”标识符号，点击该符号，将墙体内外互换。

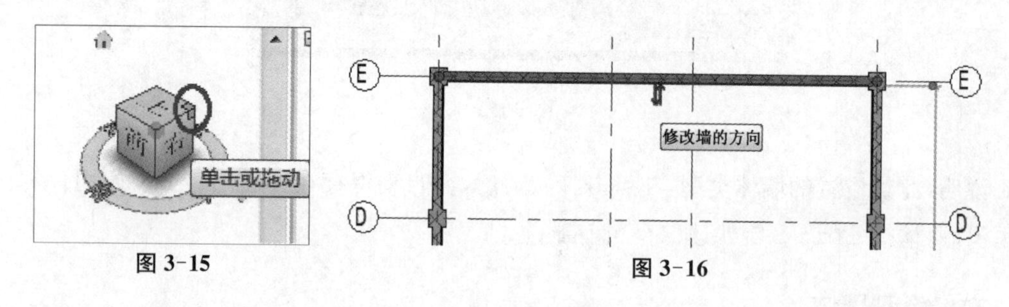

图 3-15　　图 3-16

(5) 在三维显示状态下，点取任一墙体，观察此时“属性”窗口中的内容，初始参数如图 3-17(a)所示，修改“属性”窗口中的“定位线”“顶部约束”或“无连接高度”参数修改为如图 3-17(b)所示数据。

(a)

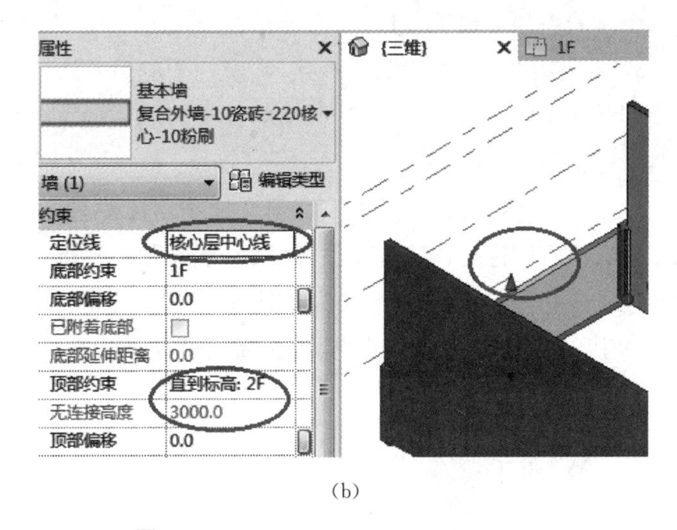

(b)

图 3-17

(6) 观看已修改的墙体,如图 3-17(b)所示,要想将其他墙体也修改成这样,则可通过刚才的方式逐一修改,但在此建议大家使用**“匹配类型属性”命令图标(即通常所说的“格式刷”)**,先点取**“匹配类型属性”命令图标**,然后点取已修改过的墙体,最后连续点击还未修改的墙体,结束操作命令时,按 Esc 键。

4. 用以上同样方法绘制一层平面图中的内墙,此处的定位线也是“核心层中心线”。对于墙体的修剪,可使用前面学习到的“拆分单元”方法,也可使用夹持点拖动后再绘制另一墙体。

5. 此时绘制的结果如图 3-18 所示。

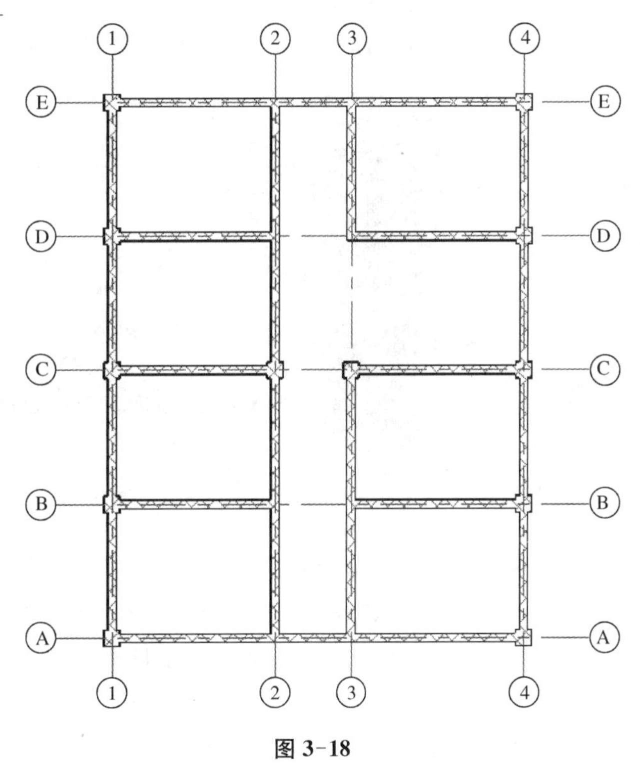

图 3-18

七、柱子边线对齐

对照图 3-1,我们可以观察到柱子与墙体的关系还没做到位。此时我们使用边线对齐命令,对柱子的位置作调整。

1. 点选左上角的柱子,此时出现“修改|柱”选项卡,再点击“边线对齐”图标,“修改|柱”选项卡会自动变为“修改”选项卡。

2. 如图 3-19 所示,先点选墙体的外边界,再点选柱子的上边界,此时,会看到柱子的一侧与墙体的一侧实现了对齐。

3. 重复图 3-19 中的②③步骤，实现柱子的另一边与墙体对齐，直到达到如图 3-1 所示的柱子与墙体的关系结果为止。

4. 选择墙体外边时，**如果不容易选择到目标位置，鼠标放到相应位置处，多按几次“Tab”键，观察此时附近的蓝色线变化**，蓝色线与目标线一致时，再按鼠标左键。

5. 执行对齐命令时，**先点“目标位置”，再点“移动对象的对齐边”**，按此次序执行。

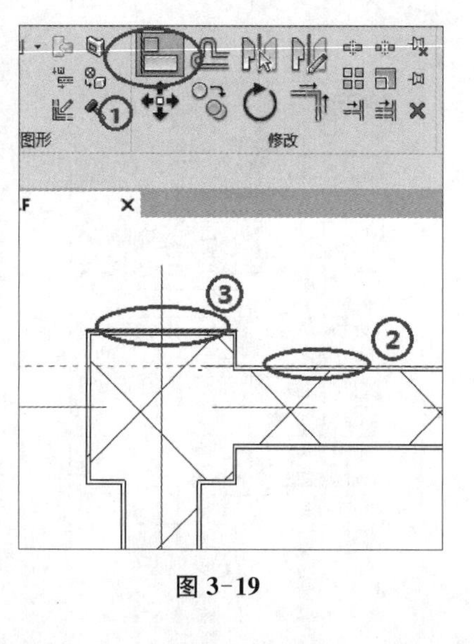

图 3-19

八、绘制门窗

1. 依据表 3-1，加载相应的门窗族。

(1) 执行“建筑”选项卡→“门”，出现“修改|放置门”选项卡，执行“修改|放置门”选项卡→“载入族”，打开如图 3-20 所示的层级关系下的“单嵌板镶玻璃门 1”。

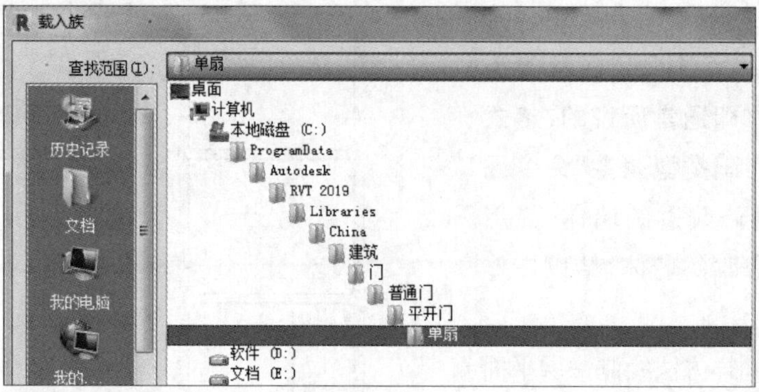

图 3-20

说明：如果没有此族，也可从网上下载后，复制到相应的目录后加载入当前项目文件。

(2) 同样，加载入“双扇”文件夹中的“双面嵌板镶玻璃门 5”。

(3) 与加载门的方法相同，加载入文件夹“建筑”→“窗”→“普通窗”→“推拉窗”中的“推拉窗 6”。

2. 调整“双面嵌板镶玻璃门 5”的参数设置。

(1) 执行“建筑”选项卡→“门”命令，在“属性”窗口，选择“双面嵌板镶玻璃门 5”下的任一个尺寸，然后按图 3-21 所示步骤，复制出一个 1600×2100 规格的“双面嵌板格栅门 5”对象。

(2) 修改此时的“类型属性”对话框中的尺寸标注参数，如图 3-22 所示。

3. 在绘图区中相应位置点击鼠标，插入刚才调整好参数的双开门。

4. 在绘图区中调整双开门的位置。

(1) 点击双开门，此时会新出现“修改|门”选项卡，然后执行其中的“对齐”命令。

(2) 按如图 3-23 所示的交叉点的位置顺序点击鼠标，完成对该双开门的标注，会发现所标注的尺寸数据与图 3-1 不一致，此时使用移动命令，点选双开门，将其移动到适当位置，此时与门相关联的标注尺寸也随着双开门的移动而发生数据自动变更。

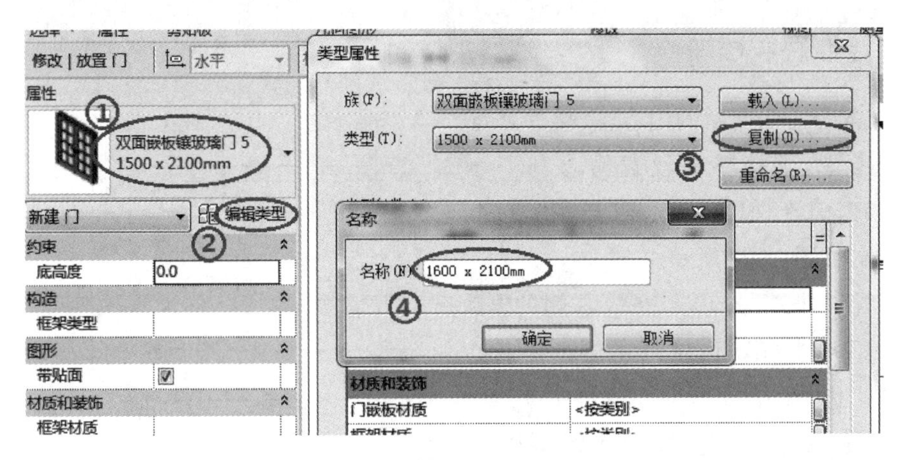

图 3-21

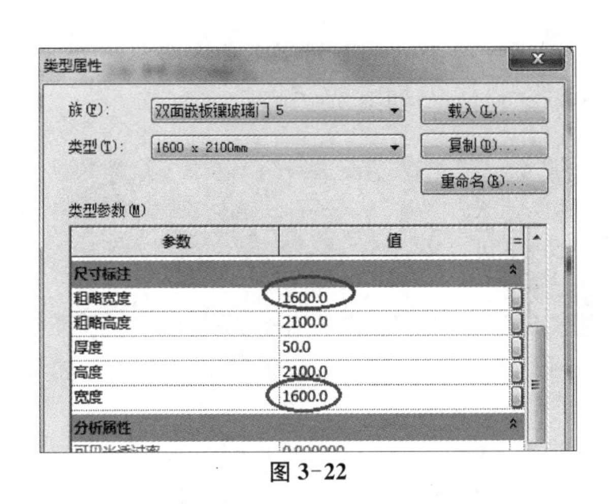

图 3-22

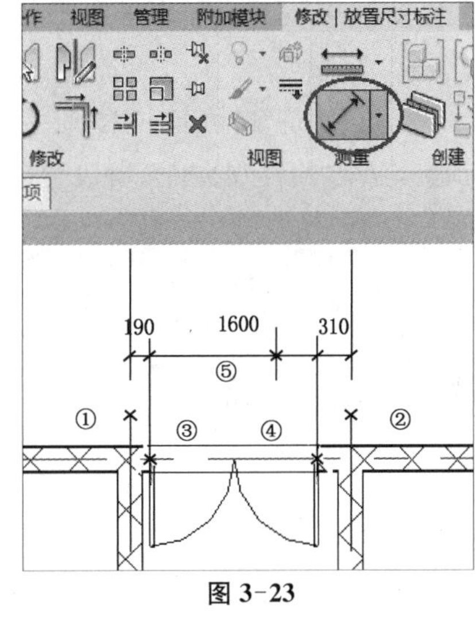

图 3-23

5. 选择插入单开门“单嵌板镶玻璃门 1”，此处参数不需要调整，只要选择“900×2100 mm”这个选项类型即可，然后插入门到如图 3-1 所示的大致位置，如位置或开启方向不对，可点选要调整的门，然后会观察到有两组蓝色的箭头，可通过点取此箭头来调整门的开启方向。

6. 对单开门的位置调整，可使用上面第 4 步的方法进行调整，此处不再赘述。

7. 加载族“推拉窗 6”，调整推拉窗的设置，其方法与上述第 2 步类似，此处复制产生“1800×1500 mm”的类型，并修改相应的“宽度”和“粗略宽度”为 1800，其余不再赘述。

8. 执行“建筑”选项卡→“窗”命令，在“属性”窗口中选择“推拉窗 1800×1500 mm”，修改“底标高”为“900”，在绘图区中点击鼠标插入窗到适当位置，然后使用第 4 步的方法进行调整。

9. 同样的方法，插入一个“1200×1500 mm”的窗，窗底高 900 mm。

10. 其余的门窗可以使用复制、镜像或逐个插入的方法，请用户根据情形自行绘制。

11. 绘制完成后，请切换到三维状态下观察绘制的结果。

九、绘制底层楼梯

1. 依据图 3-1 所示的内容，按楼梯井宽 300 mm 考虑，则楼梯梯段宽为：(3360－300)/2＝1530，则梯段的中心点与墙体间距为 765 mm，如图 3-24 所示。

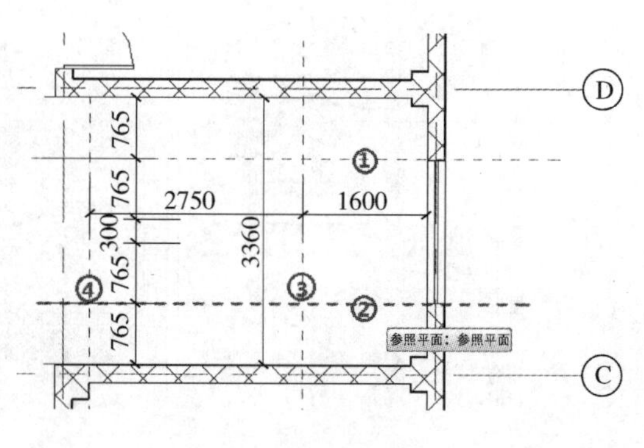

图 3-24

2. 执行“建筑”选项卡→最右侧的“参照平面”命令，在如图 3-24 所示位置处绘制四个参照平面(图中标识带圆圈数字 1、2、3、4，其中 1、2 水平，3、4 垂直)，然后再按图中的标注移动参照平面到相应的位置(点选要移动的参照平面，修改标注的数据即可)。

3. 执行“建筑”选项卡→“楼梯”命令，会出现一个新的选项卡“修改|创建楼梯”，观察分析此选项卡上“构件”的内容，并设置选项卡状态栏信息，如图 3-25 所示。

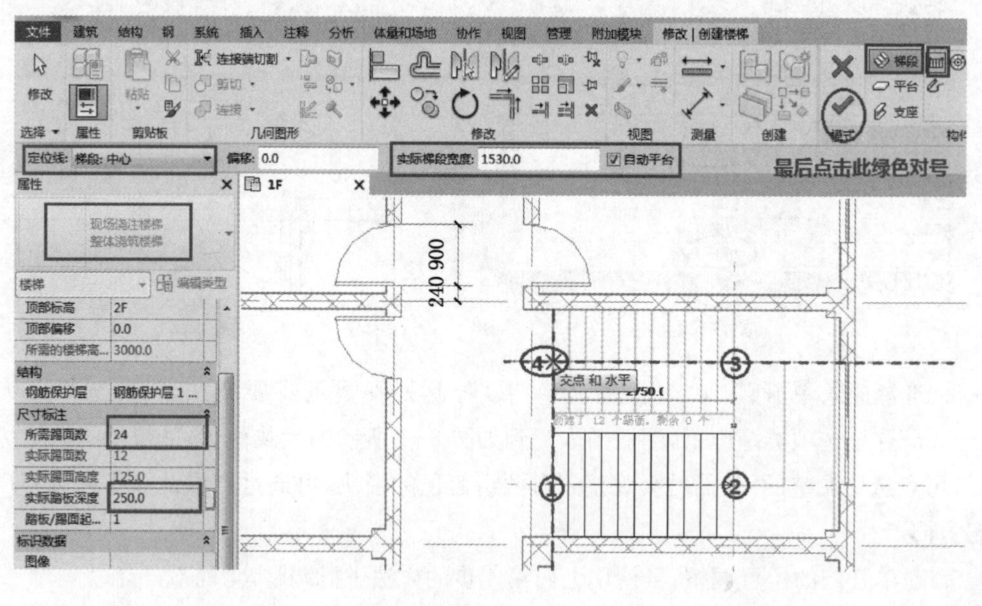

图 3-25

4. 在“属性”窗口中选择最上面的“整体浇筑楼梯”，然后调整“属性”窗口中的参数，如图 3-25 左侧所示，注意此处**踢面数量** 24＝**双跑** 2×(11 **个踏步**＋1)。

5. 如图 3-25 所示,选择“构件”选项中的“梯段”下的“直跑”,然后修改状态栏的参数,确定“定位线”为“梯段:中心”,“实际梯段宽度:”数据为“1530”,并且确保选中“自动平台”。

6. 根据楼梯的上楼方向,依据图 3-25 中所示四个参照平面的交叉点,依次点取这四个点。

7. 最后执行“修改|创建楼梯”选项卡中的绿色对号命令。

8. 观察完成的楼梯,**双击楼梯**,此时进入“修改|创建楼梯”状态,用鼠标点取形成的三个部分,可见两个楼梯段正确,但观察到中间平台时,会发现其宽度只有 1530 mm,如图 3-26 所示。

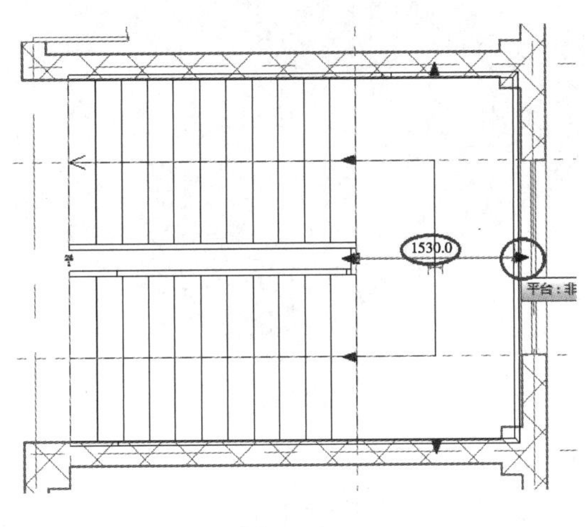

图 3-26

9. 修改平台处的“1530”为“1600”(或使用右侧的“造型操纵柄”拖动到墙体边线重合处),然后执行“修改|创建楼梯”选项卡中的绿色对号命令。

10. 点击楼梯外侧的栏杆扶手,并删除。

11. 进入三维观察此时的楼梯。

十、复制产生二楼

1. 进入一层平面图形,选中全部,然后使用“修改|选择多个”选项卡中的“过滤器”命令,在出现的“过滤器”对话框中,先执行“放弃全部”,再点取其中的“墙”“柱”“门”“窗”,最后点取“确定”按钮。

2. 执行“修改|选择多个”选项卡→“复制”,再点取“**粘贴”命令下拉三角**,在出现的下拉菜单选项中,有两个选项**互为排斥**关系,即每次只能出现一个,如图 3-27 所示的圆圈数字 3 所框选的内容,此处执行“与选定的标高对齐”命令,会出现“选择标高”对话框,在此对话框中选择“2F”,然后点“确定”按钮。

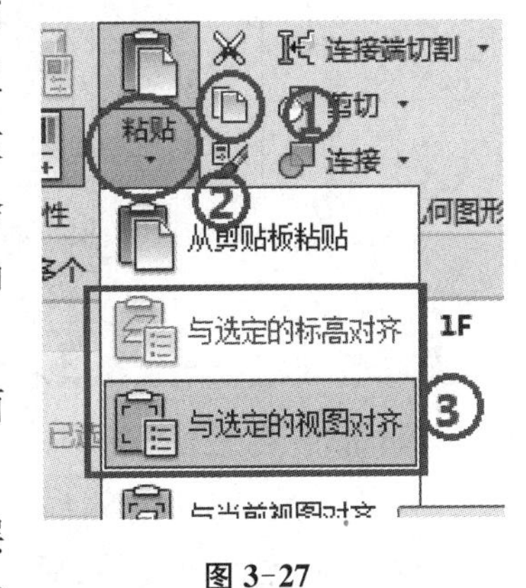

图 3-27

3. 进入三维下观察,如图 3-28 所示,此图中有三个方面缺陷要修正,一是双开门,二是楼板,三是楼梯处的栏杆。

4. 在“项目浏览器”窗口中,选中“2F”楼层平面,将二层中的“双开门”删除,并插入 1200 mm×1500 mm 的窗户,底高为 900 mm,如图 3-29 所示。

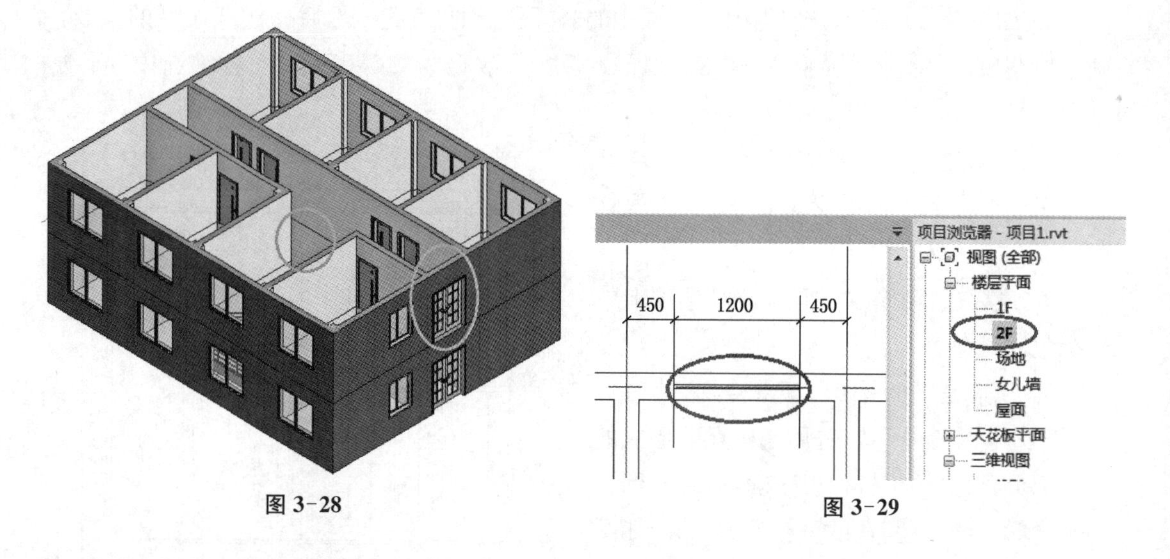

图 3-28　　　　图 3-29

十一、绘制楼板

对图 3-28 所存在的缺陷，我们要绘制一层地板和二层地板，操作过程如下：

1. 在“项目浏览器”窗口中双击楼层平面中的“1F”，使绘图区进入 1F 平面图。

2. 执行“建筑”选项卡→“楼板”下拉三角→“楼板：建筑”命令，出现“修改|创建楼层边界”选项卡，选择其中“绘制”选项中的“边界线”，再选择矩形图形命令，此时不对状态栏作任何修改，如图 3-30 所示。

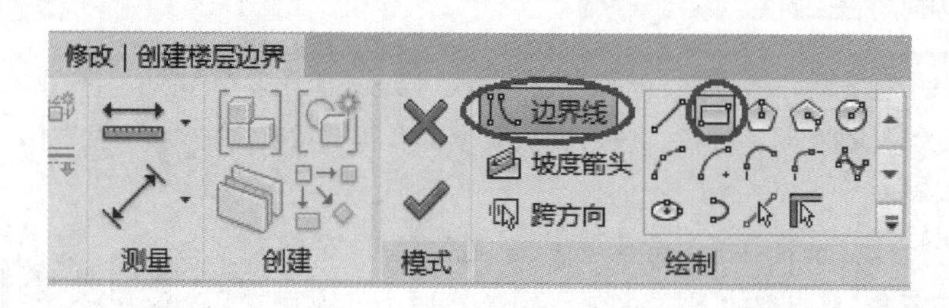

图 3-30

3. 在“属性”窗口，选择“楼板　常规- 150 mm”，然后点击“编辑类型”，打开“类型属性”对话框，在此对话框中点击“复制”按钮，对类型重新命名为“常规- 125 mm”，接着修改“结构”的参数，点击“结构”参数右侧的“编辑”按钮，过程如图 3-31 所示，会出现如图 3-32 所示的“编辑部件”对话框，修改图 3-32 中的“结构”厚度为“125”。

4. 设置楼板参数结束后，在绘图区用图 3-30 所示的矩形命令，沿建筑平面墙体最外边两个对角端点绘制矩形，然后再点击图 3-30 所示的绿色对号。

5. 点击“项目浏览器”窗口→“视图”→“立面”→“北”(也可以其他方位)，切换视图到北立面，**线框模式下**观看刚才绘制的楼板，如图 3-33 所示。

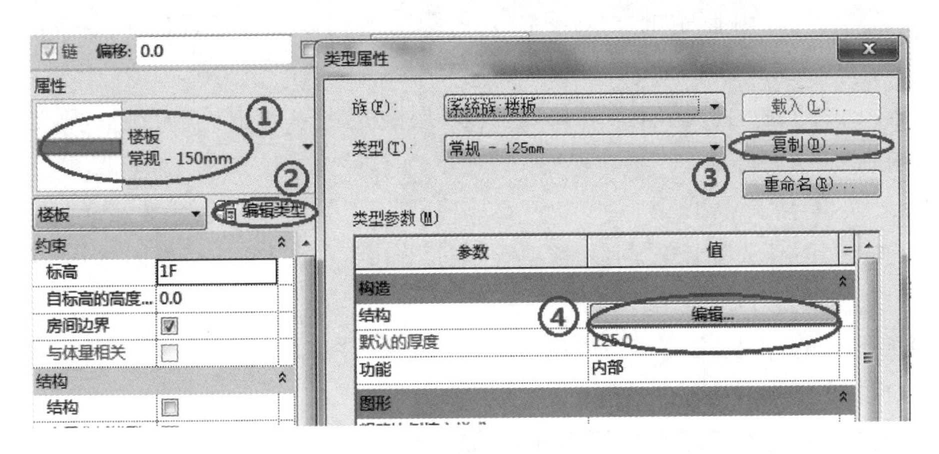

图 3-31

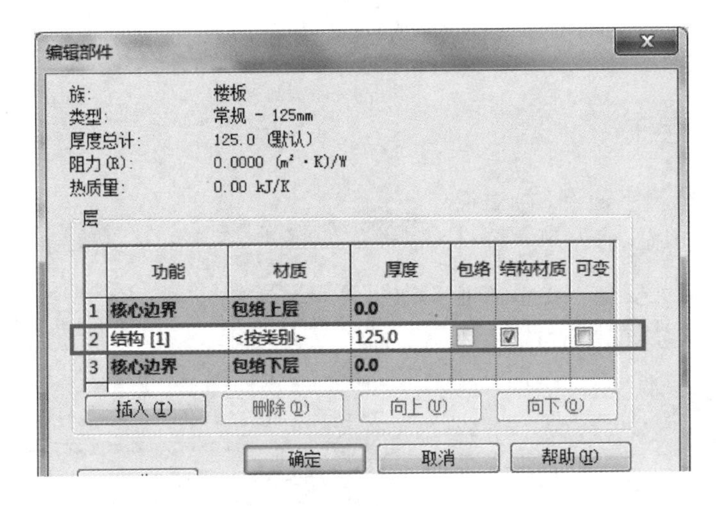

图 3-32

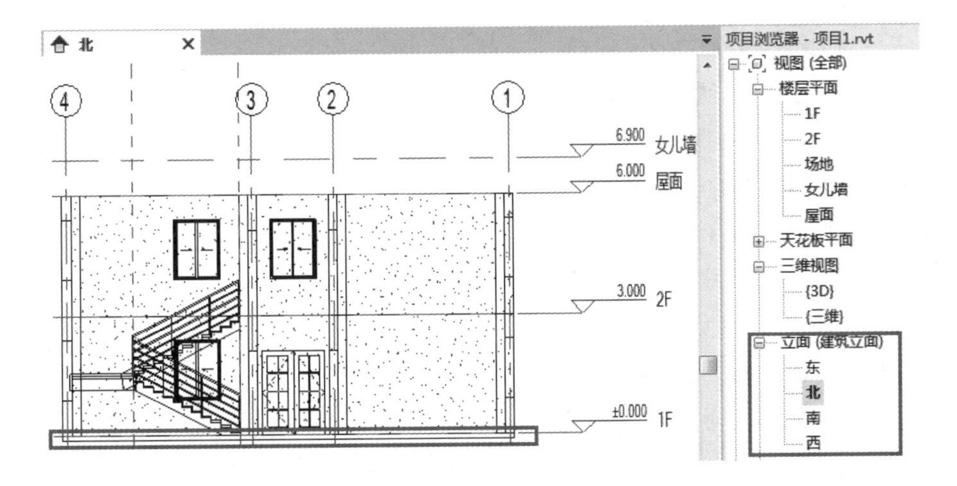

图 3-33　（注：此图为线框模式）

6. 选择“2F”,使用上面的方法,绘制二层的楼板(也可以使用 1F,但要调整“属性”窗口中的“自标高的高度偏移”参数为“3000”)。

7. 进入三维观察,此时会发现楼梯处也被二层楼板覆盖,此处不需要楼板,则要求我们对多绘制的楼板进行开洞:

(1) 进入 2F 楼层平面。

(2) 执行“建筑”选项卡→“洞口”选项→“按面”命令,点取楼梯附近的墙体外墙(此时鼠标放到外墙附近时,外墙会自动出现蓝色直线)。

(3) 在出现的“修改|创建洞口边界”选项卡中,执行“绘制”选项中的“矩形图标”命令,然后点取楼梯的矩形对角两个对角点。

(4) 点击“修改|创建洞口边界”选项卡中的绿色对号。

当然,我们也可双击楼板进入编辑模式,在楼梯处绘制一个矩形后,点击绿色对号即可。

8. 进入三维视图,拖动绘图区右上角的“View Cube”,观察结果。

十二、绘制栏杆

1. 观看 2F 建筑平面图,在楼梯处,由于二层是顶层,此处在楼梯洞口处要添加栏杆来保证安全。要想知道绘制的栏杆高度是多少,可通过双击楼梯上的栏杆,看到“属性”窗口中显示的“栏杆扶手 900 mm 圆管”,然后点击“修改|编辑路径”中的绿色对号或红色叉号结束观察。

2. 执行“建筑”选项卡→“栏杆扶手”下拉三角→“绘制路径”命令,在出现的“修改|绘制路径”选项卡中,执行“绘制”选项中的“直线”命令。

3. 在二层下楼梯处的栏杆末端中间,点取中点,向楼层平台处绘制长 100 mm 的直线,再转 90 度后,绘制直线到墙体边界,如图 3-34 所示。

4. 此处不更改栏杆的类型,直接点击如图 3-34 中的绿色对号。

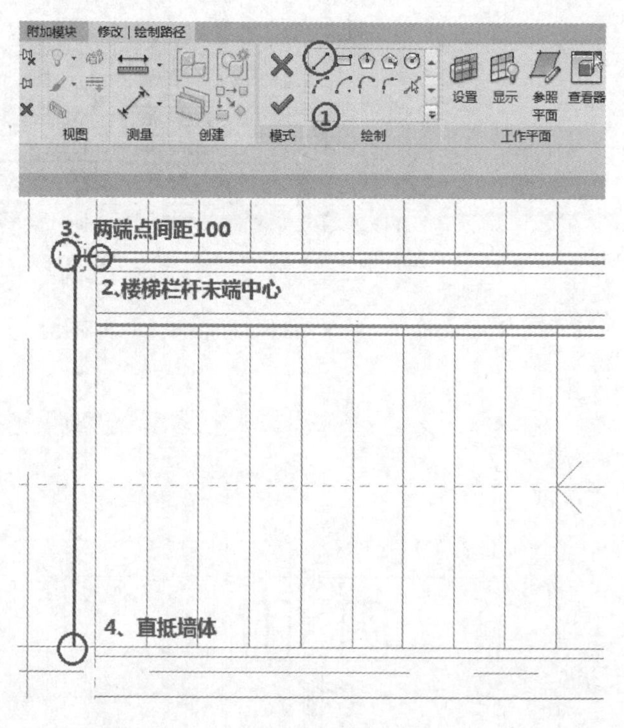

图 3-34

5. 进入三维，调整拖动绘图区右上角的“View Cube”，观察结果，如图 3-35 所示。

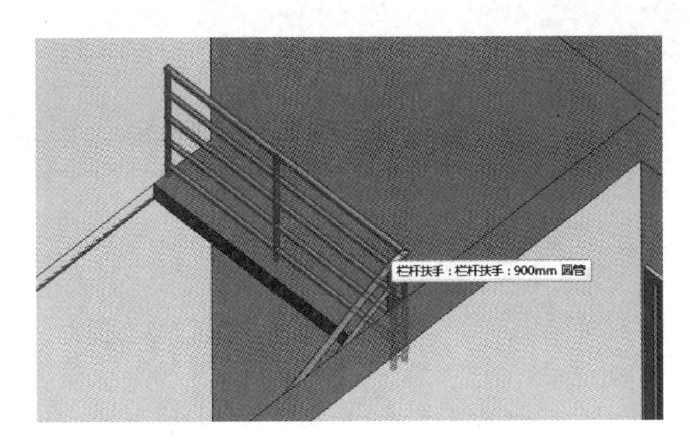

图 3-35

十三、绘制女儿墙

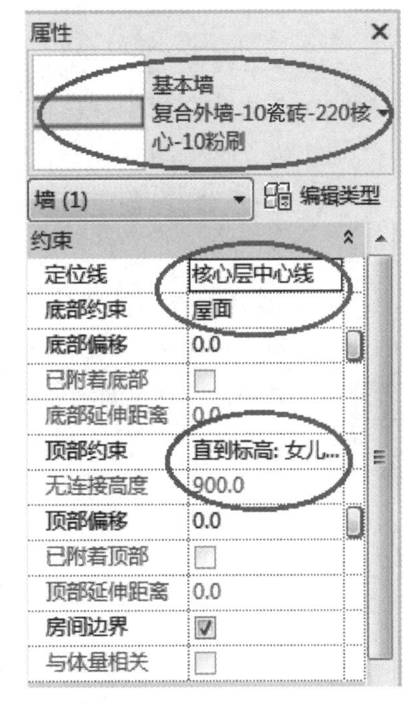

图 3-36

1. 在屋面平面中，执行“建筑”选项卡→“墙”→“墙：建筑”命令，选择“属性”窗口中的“复合外墙-10瓷砖-220核心-10粉刷”，使用图 3-14 所示的方法，按图 3-36所示“属性”窗口参数，绘制外墙。

2. 进入三维，观看绘制结果。

十四、绘制屋顶

1. 根据条件，屋顶为走廊中间向两边 2%坡度的平顶屋。

2. 切换到屋面平面层，执行“注释”选项卡→“详图线”命令，绘制屋脊辅助线。

3. 执行“建筑”选项卡→“屋顶”下拉三角→“迹线屋顶”命令。

4. 在新出现的“修改|创建屋顶迹线”选项卡中，执行“边界线”→“矩形”图标命令。

5. 绘制矩形：从屋脊到墙体角落，然后框选这个矩形的四条边，修改“属性”窗口中的“定义屋顶坡度”参数，将其勾选取消，如图 3-37 所示。

6. 执行“修改|创建屋顶迹线”选项卡→“坡度箭头”命令，按图 3-38 所示的顺序指向绘制坡度箭头，然后修改“属性”窗口的参数，修改“指定”参数为“坡度”，修改“坡度”参数为“2”。

7. 执行“修改|创建屋顶迹线”选项卡中的绿色对号，进入三维观察结果。

8. 再次在屋顶平面绘图区状态下，重复刚才的方法，绘制另一边的带坡度的迹线屋顶。

9. 也可以选中第 8 步完成的屋顶，使用“镜像”命令，镜像产生另一半屋顶，但要注意，此时产生的屋顶已经伸到屋外，此时作如下修改：

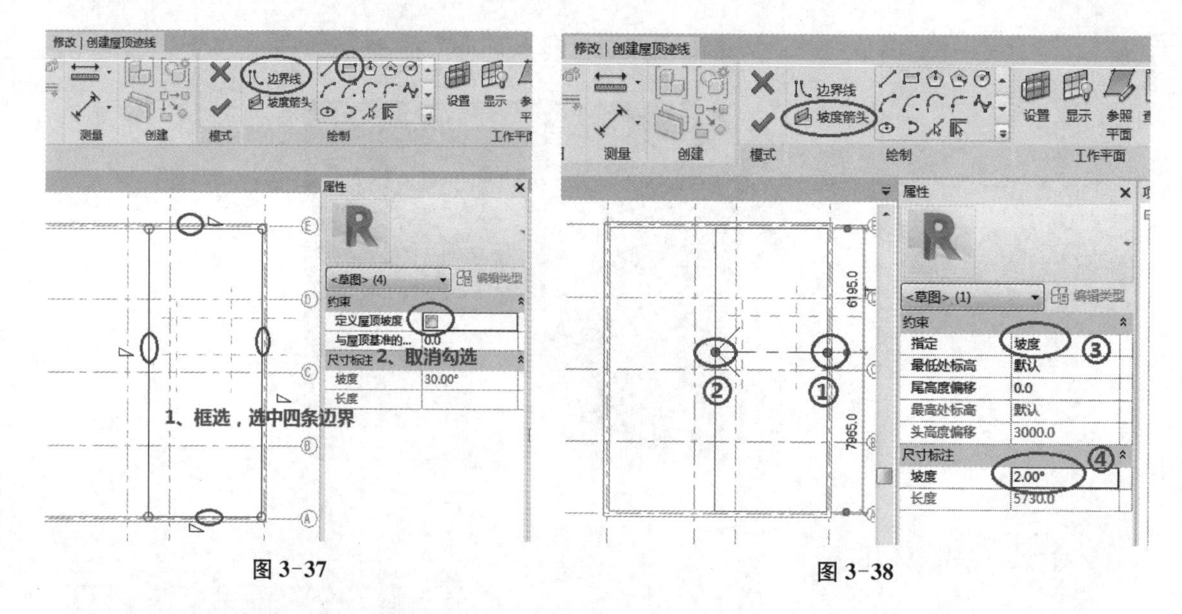

图 3-37　　　　图 3-38

(1) 双击镜像产生的屋顶,进入编辑状态。

(2) 点选最左边的直线,将其移动到外墙内侧边界。

(3) 修改此时绘图区中的坡度箭头尾部,拖动其左侧夹持点至刚才最左侧的直线处。

(4) 执行“修改 | 创建屋顶迹线”选项卡中的绿色对号,完成编辑,然后进入三维观察结果。

至此,使用 Revit 2019 对目标图形进行了建模,尽管还有许多细节需要完善,相信聪明的读者会对它形成一个绘制思路小结,并对绘制过程中的一些操作技巧进行探究比较。笔者建议读者对此图形重新**独立练习三至五次**,巩固熟练操作技巧。

项目四

某别墅深度建模实例

第一节　创建首层墙体、门、窗、楼板

一、楼层各平面标高的建立

根据楼层数及各楼层在水平面的高度，建立楼层立面标高。

操作过程：

1. 新建 Revit 项目，选择“建筑样板”，并保存为自己的姓名。

2. 在“项目浏览器”窗口中，选择“立面”中“东、北、南、西”的任一个双击鼠标，切换到相应的立面中，出现如图4-1所示的内容，点击“标高 1”，修改为“1F”，并在之后出现的提示中，点击“是”按钮，则“项目浏览器”窗口中的“楼层平面”下的“标高 1”改名为“1F”。

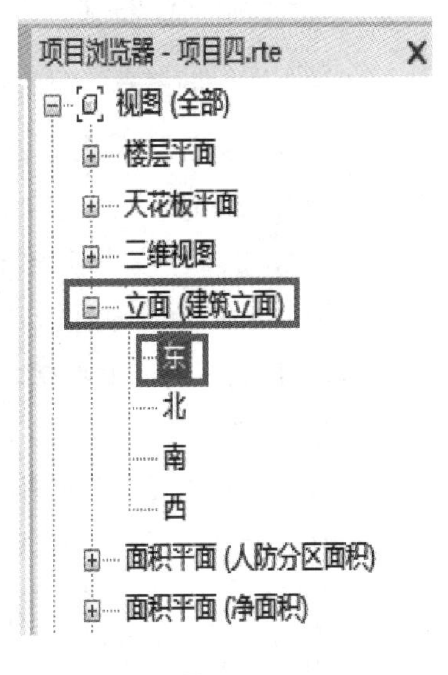

图 4-1

3. 同样修改绘图区中“标高 2”的文字为“2F”。

4. 选择绘图区中的“2F”直线，点击出现的标识数字“4000”，将其修改为“3300”，如图 4-2 所示，或将“4.000”改为“3.3”。

5. 选择“2F”直线，执行多个复制操作，产生其他标高，并修改为“3F”“屋檐”“地面”，注意复制时的线间间距，尤其是复制地面标高对象，其结果如图 4-2 所示。

6. 点击“视图”选项卡中的“平面视图”下的“楼层平面”，在出现的对话框中（如图 4-3 所示），按住键盘 Shift 键，同时选择“3F”“地面”“屋檐”后，点击“确定”按钮，此时在“项目浏览器”窗口→“楼层平面”中新添加了上述的三个楼层平面。

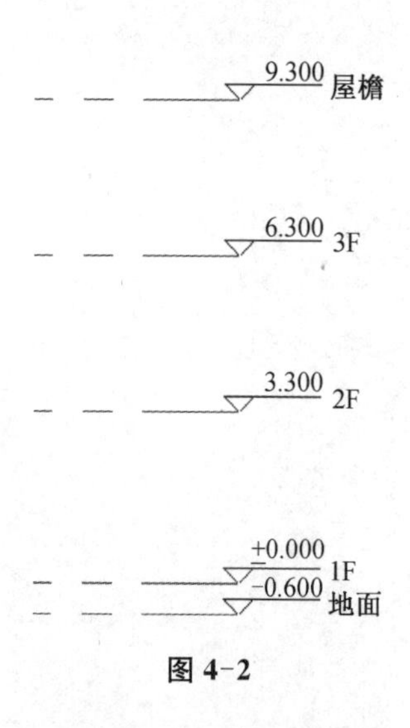

图 4-2

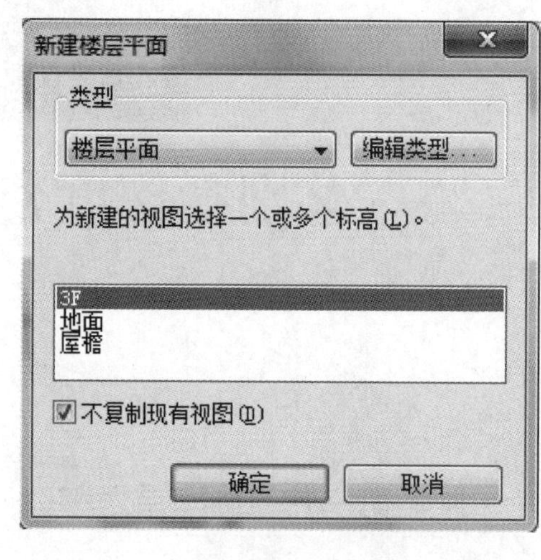

图 4-3

7. 点击“项目浏览器”窗口→“立面”下的任一方位，可见到各楼层标高建立完毕。

二、绘制一层轴网

绘制一层轴网的操作过程如下：

1. 在项目浏览器窗口中，双击楼层平面中的“1F”，绘图区出现四个方位的立面视点。

2. 点击“建筑”选项卡→“轴网”图标，“属性”窗口出现如图 4-4 所示的轴网选项，建议分别选择绘制一下，来认识比较三者间的不同。

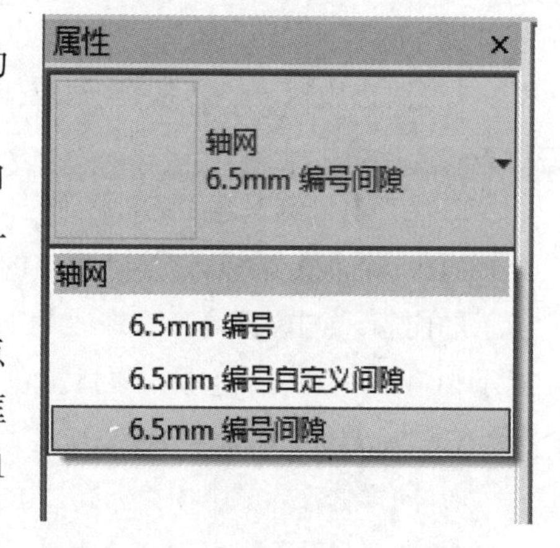

图 4-4

3. 在“属性”窗口中选择“6. 5 mm 编号间隙”，点击下面一行中右上角的“编辑类型”，在出现的对话框中，将颜色修改成“红色”，并选中“平面视图轴号端点 1（默认）”，这样能够使轴线的两端编号均显示。

4. 在绘图区中绘制如图 4-5 所示的轴网。

5. 调整轴线标头位置，改变 6 号与 7 号轴线间标头相互干涉的问题，如图 4-6(a)所示。

6. 如果轴线标头编号与垂直于此轴线间最近的第一个轴线间距过大或过小，可通过如下方法进行调整：如图 4-6(b)所示，选择轴线 5，点击轴线 5 最下端的一个小圆圈并按住鼠标不放，此时会见到一个蓝色的虚线，拖曳此圆圈左右移到理想位置后松开鼠标。

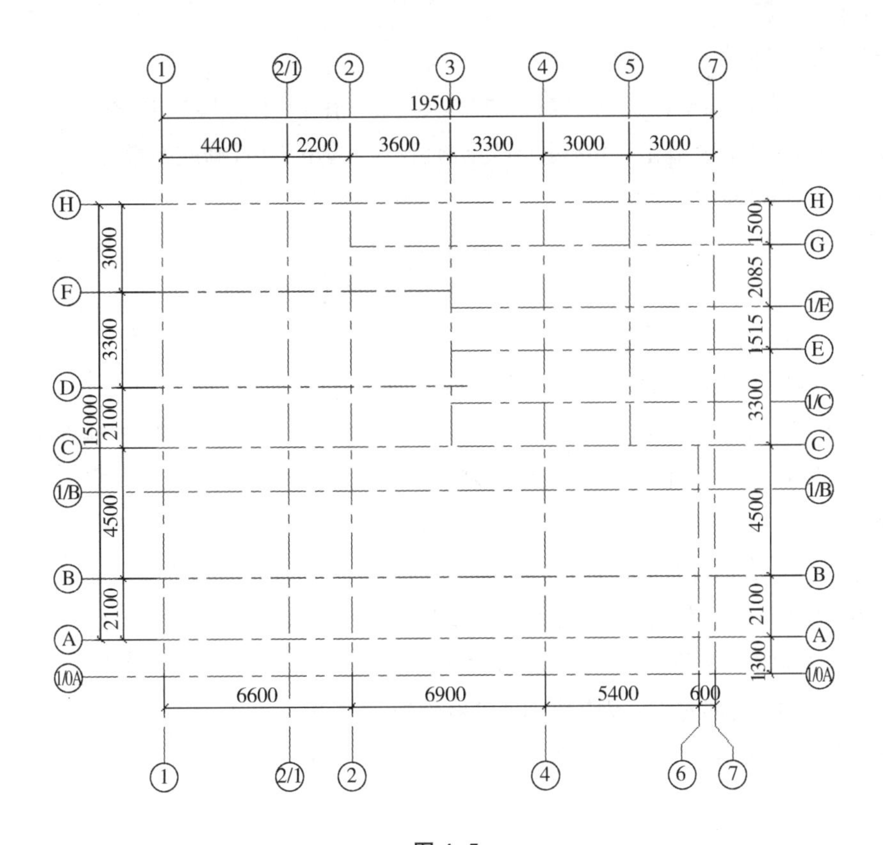

图 4-5

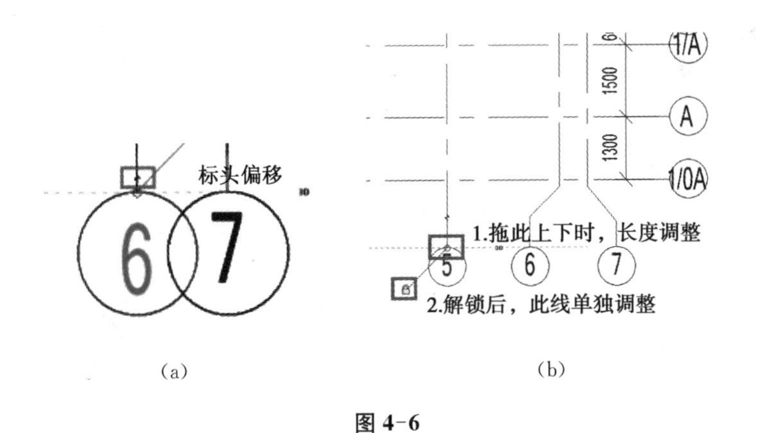

(a)　　(b)

图 4-6

三、绘制一层柱子

绘制一层柱子的思路过程如下：

创建柱基本有两种方法：第一种为系统族中自带建筑柱，如矩形柱；第二种为采用族方法来创建柱，载入族，可从族资源库中查找并载入，也可自己绘制，如 Z 形柱。此处先使用第一种方法，在学习族部分知识后，请用户学习使用第二种方法再自行创建。

操作过程：

1. 绘制矩形柱

(1) 使用“建筑”选项卡→“柱”→“柱：建筑”，在属性窗口中选择“矩形柱 400×400 mm”，然后在绘图区中相应位置绘制，点取已绘制的矩形柱，修改属性窗口中的“底部标高”为“地面”，“顶部标高”为“2F”。

(2) 使用“建筑”选项卡→“柱”→“柱：建筑”，在属性窗口中选择“矩形柱 400×400 mm”后，点取“编辑类型”按钮，在出现的“类型属性”对话框中，复制产生 240 mm×480 mm的矩形柱，并修改“深度”为“480”、“宽度”为“240”，然后在绘图区中绘制相应的矩形柱。

2. 加载 T 形柱、L 形柱、圆形柱及异形柱

(1) 使用“插入”选项卡→“载入族”命令，加载提供给用户的 T 形柱、L 形柱、圆形柱和两个异形柱。

(2) 在“项目浏览器”窗口中找到“族”→“柱”，如图 4-7所示，将相应的柱子拖到绘图区中的相应位置，且均设置这些柱子的“底部标高”为“地面”，“顶部标高”为“2F”，所绘制的平面结果如图 4-8 所示。

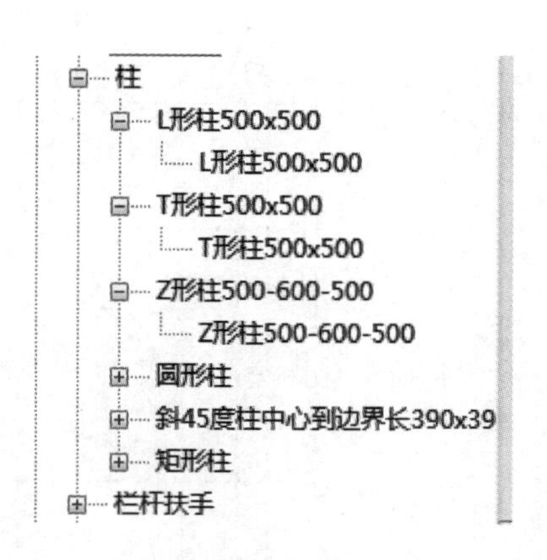

图 4-7

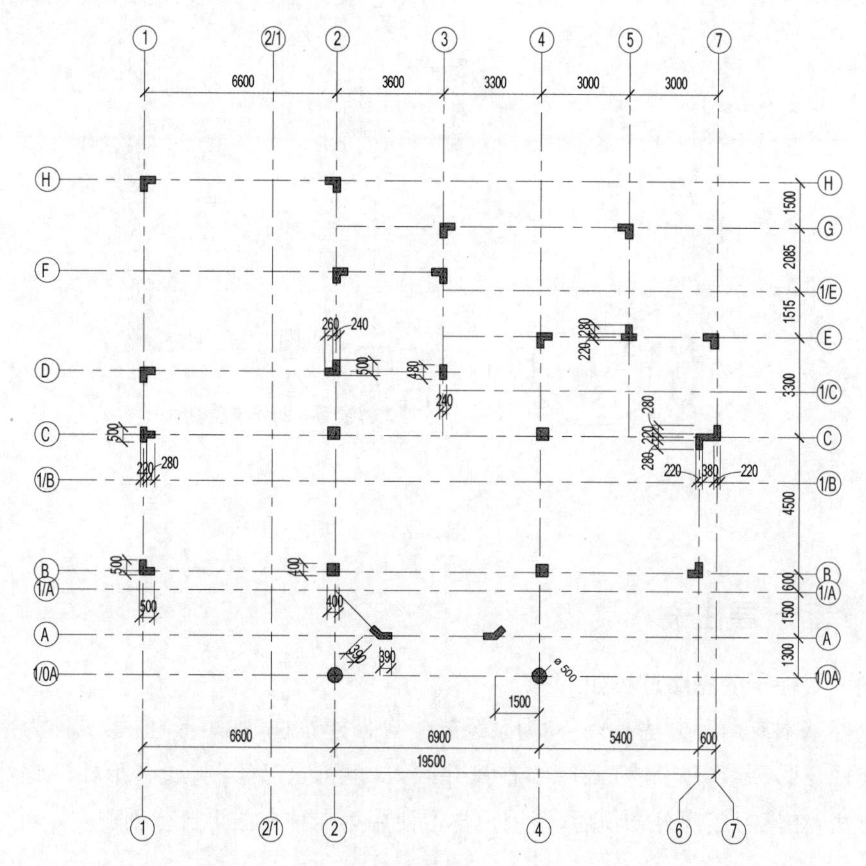

图 4-8

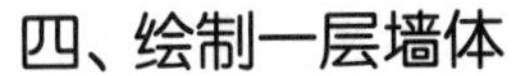

四、绘制一层墙体

绘制一层墙体的操作过程如下：

1. 底层墙体的外墙设置

一层外墙剖面图见图 4-9。

此处的核心层是指建筑中的结构层，主要指钢筋混凝土层或混凝土层，白色油漆是面层，一般为室内，通常是面层 2，灰大理石砌块和薄红砖贴片是外墙面层，通常是面层 1。

思路：先分别建立两种墙体的模型，再将其根据需要叠合成一个墙体。

依据图 4-9，选择“外墙”类开头的墙体进行修改，产生目标墙体。

具体操作过程：

(1) 新建叠层墙上部墙体

选择“建筑”选项卡→“构建”面板中→“墙”下拉菜单中的“墙-建筑”命令，单击“属性”面板中的“编辑类型”选项后，进行外墙的创建。点击“复制”命令，新建基本墙，命名为“外墙上部 20 红砖- 220 混凝土- 10 涂料”，如图 4-10 所示。编辑墙体结构如图 4-11 所示。

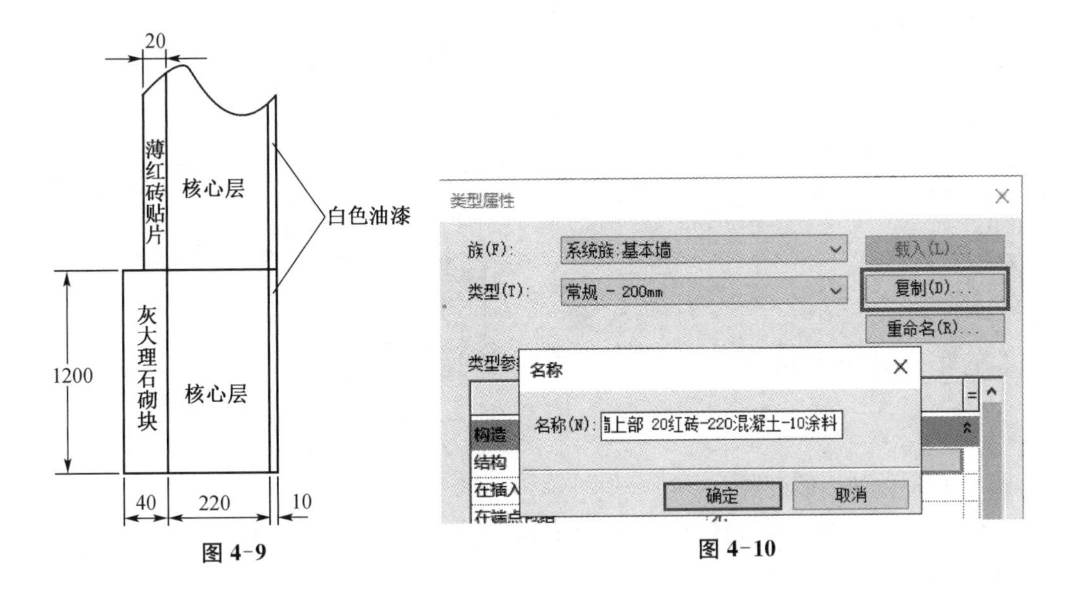

图 4-9　　　　图 4-10

(2) 新建叠层墙下部墙体

点取“属性”窗口中刚才创建的上部墙体，再点击“属性”窗口中的“编辑类型”按钮，在出现的对话框中，执行“复制”命令，并命名为“外墙下部 40 大理石- 220 混凝土- 10 涂料”，编辑其结构，将如图 4-11 所示中的“面层 1[4]”的材质改为“大理石”，并将厚度改为“40”。

(3) 建立叠层墙

新建墙体，属性面板中选择“编辑类型”，在“类型属性”窗口中最上面的“族”选择“系统族：叠层墙”，复制并命名为“叠层墙-下大理石-上红砖”，如图 4-12 所示，然后设置叠层墙结构，如图 4-13 所示。

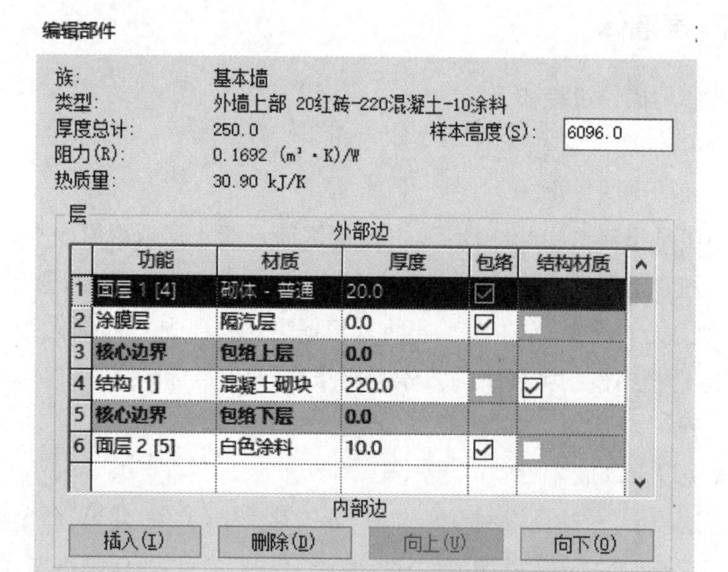

图 4-11

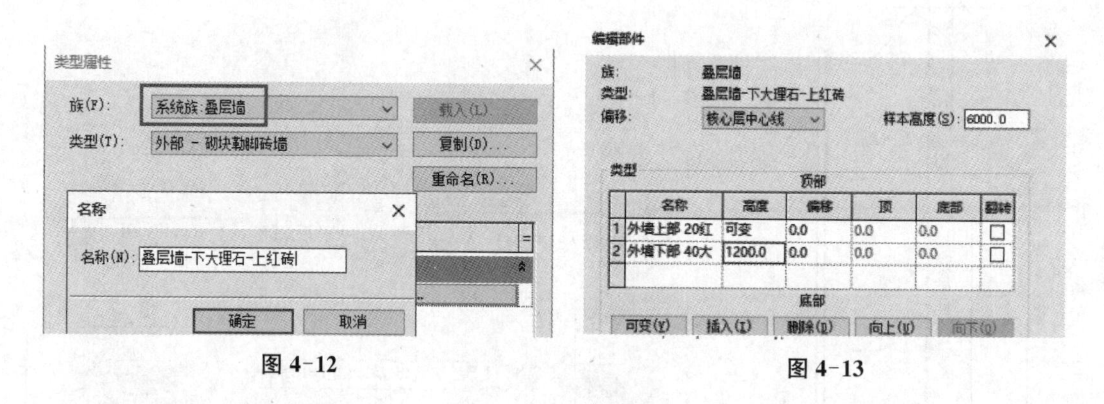

图 4-12　　图 4-13

2. 底层墙体的内墙设置

复制常规墙体，新建内部墙体“常规- 240 mm”，如图 4-14 所示，并设置墙体结构如图 4-15 所示。

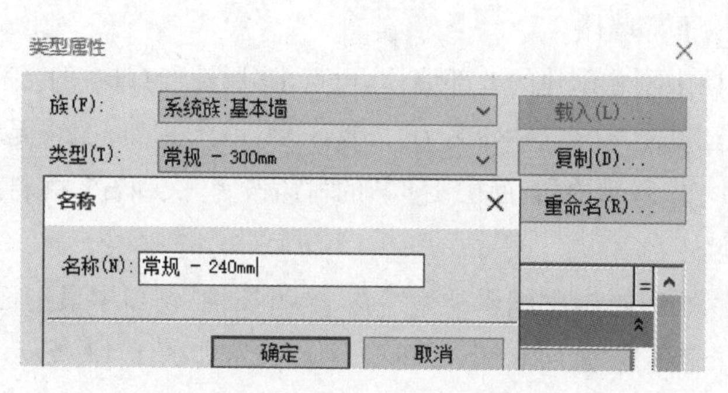

图 4-14

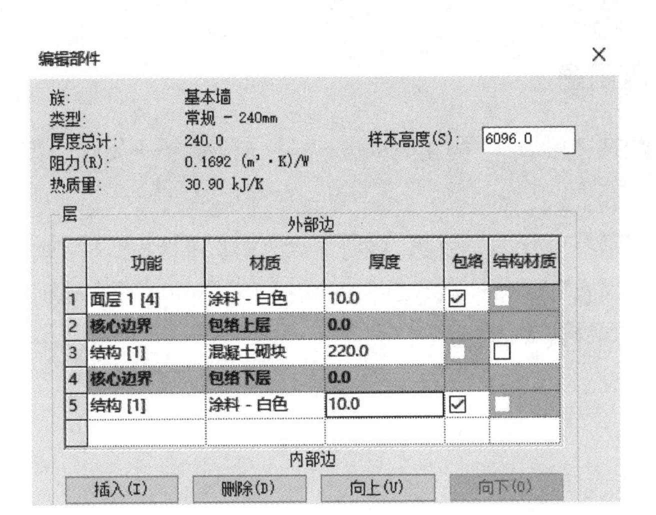

图 4-15

3. 绘制墙体

点击“建筑”选项卡中的“墙”，设置“属性”窗口中的参数，限制墙体高度只能是“地面”至“2F”，分别绘制内墙和外墙，同时注意外墙的方向，此时会提示有些柱子会被墙体包围，结果如图 4-16 所示。

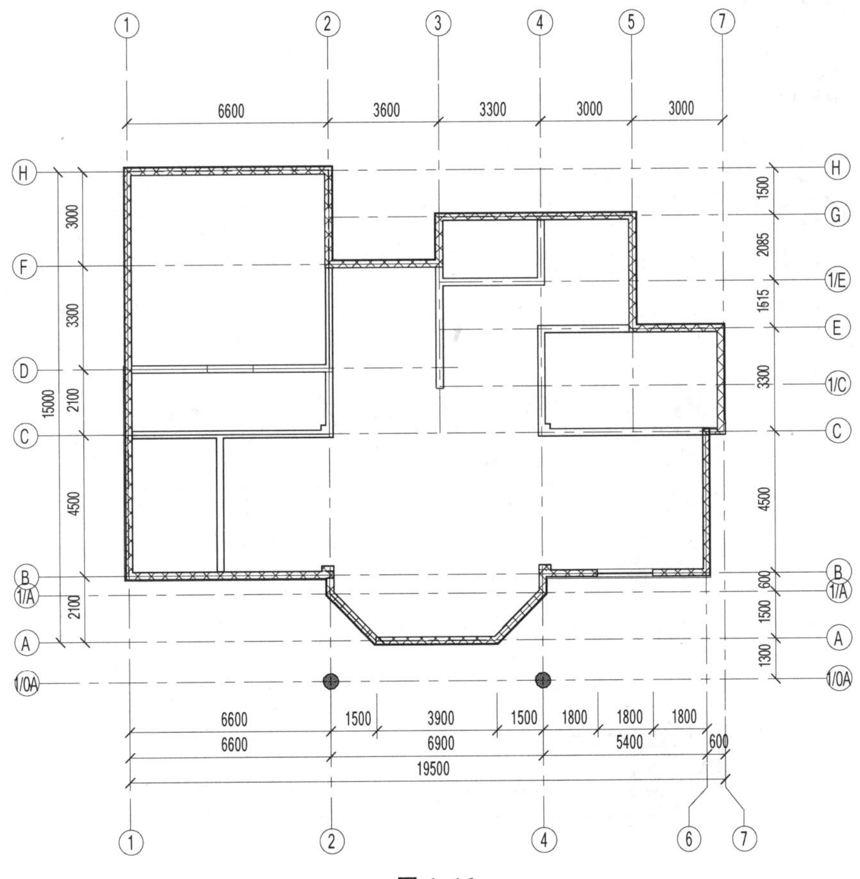

图 4-16

五、绘制一层门窗

操作思路:“建筑”选项卡→“构建”面板→“门、窗”命令→放置门窗→编辑门窗位置和高度。

如需要载入门窗族,过程为:“建筑”选项卡→“构建”面板→“门、窗”命令→“修改|放置门”下,模式面板中“模式”面板→“载入族”命令,打开“China”下选择相关的族图形;或直接使用“插入”选项卡中的“载入族”命令。

操作过程:

1. 插入一层门

一层门明细见表 4-1。

表 4-1　一层门明细表

族	类型标记	类型	宽度/mm	高度/mm
双面嵌板镶玻璃门 7 -带亮窗	M1527	1500×2700	1500	2700
双面嵌板镶玻璃门 7 -带亮窗	M1227	1200×2700	1200	2700
单嵌板木门 11	M0921	900×2100	900	2100
单嵌板木门 11	M0821	800×2100	800	2100
双扇推拉门-墙中 2	M1621	1600×2100	1600	2100
单扇推拉门-墙外	推 M0821	800×2100	800	2100
水平卷帘门	M5027	5000×2700	5000	2700

“建筑”选项卡→“构建”面板→“门”,从属性面板的“编辑类型”打开的“类型属性”对话框中,载入族,找到电脑中本地安装的族文件夹,找到“双面嵌板镶玻璃门 7 -带亮窗”并打开,设置相应的宽度、高度和类型标记,如图 4-17 所示,设置完毕后在 1F 平面图中放置 M1227。

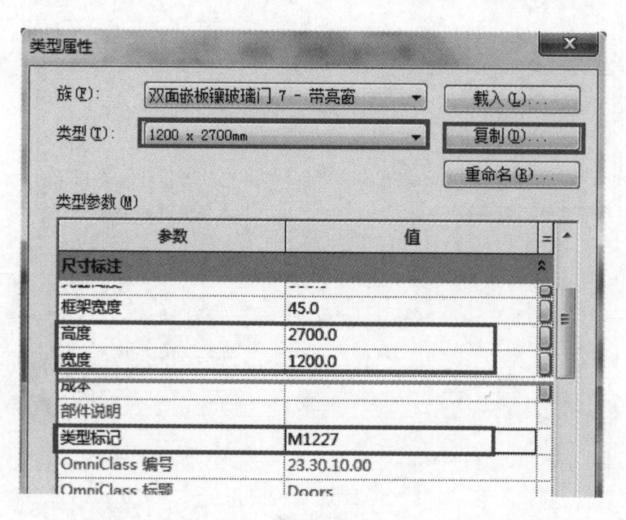

图 4-17

用类似方法创建一层门明细表中其他的门并放置，如图 4-18，在门的属性面板中设置“门标高”为“1F”，如图 4-19 所示。

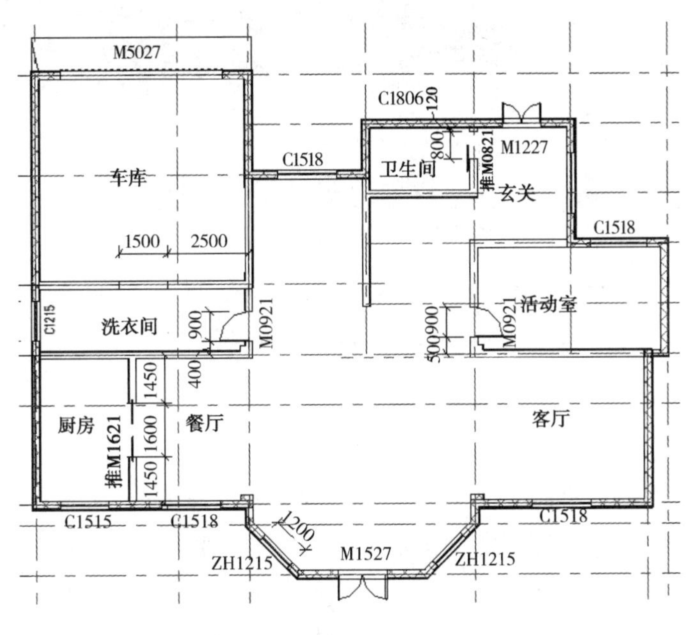

图 4-18

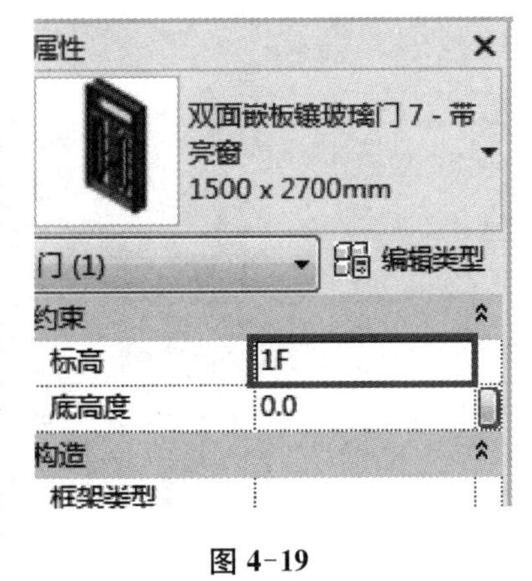

图 4-19

2. 插入一层窗

执行“建筑”选项卡→“构建”面板→“窗”命令，或执行“插入”选项卡→“载入族”命令，找到电脑本地安装的族文件夹，载入族到项目中。此时找到“推拉窗 6”并打开，从属性面板中“编辑类型”后，复制并命名为 C1515，并设置相应的宽和高，如图 4-20 所示，然后在 1F 平面图中放置 C1515。

用类似方法创建其他窗，并放置在 1F 平面图的对应位置，如图 4-18 所示，窗的明细见表 4-2。

表 4-2　别墅窗明细表

族	类型标记	类型	宽度/mm	高度/mm	底高度/mm
推拉窗 6	C1215	1200×1500	1200	1500	900
推拉窗 6	C1515	1500×1500	1500	1500	900
推拉窗 6	C1815	1800×1500	1800	1500	900
推拉窗 6	C1806	1800×600	1800	600	1800
固定窗	C1206	1200×600	1200	600	600
中悬窗	ZH1215	1200×1500	1200	1500	1200
中悬窗	ZH1515	1500×1500	1500	1500	900

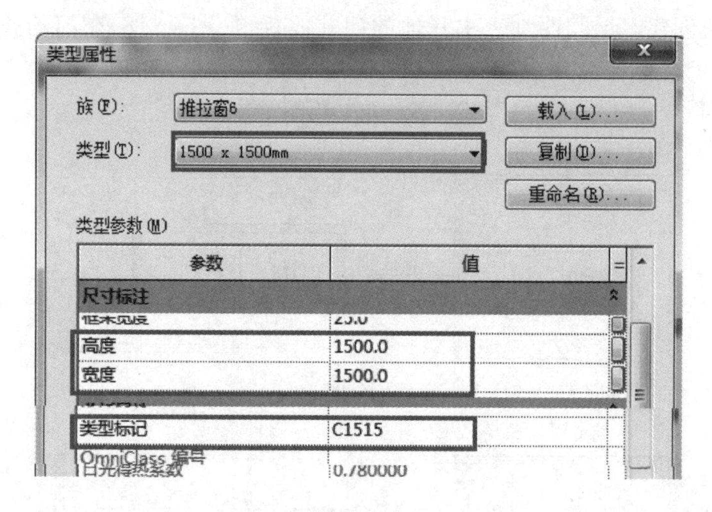

图 4-20

中悬窗 ZH1215 和固定窗 C1206 的创建，注意因为重叠在同一墙体位置，可在三维视图中选中窗户对象，分别设置"底高度""顶高度"等参数值，如图 4-21 和图 4-22 所示。

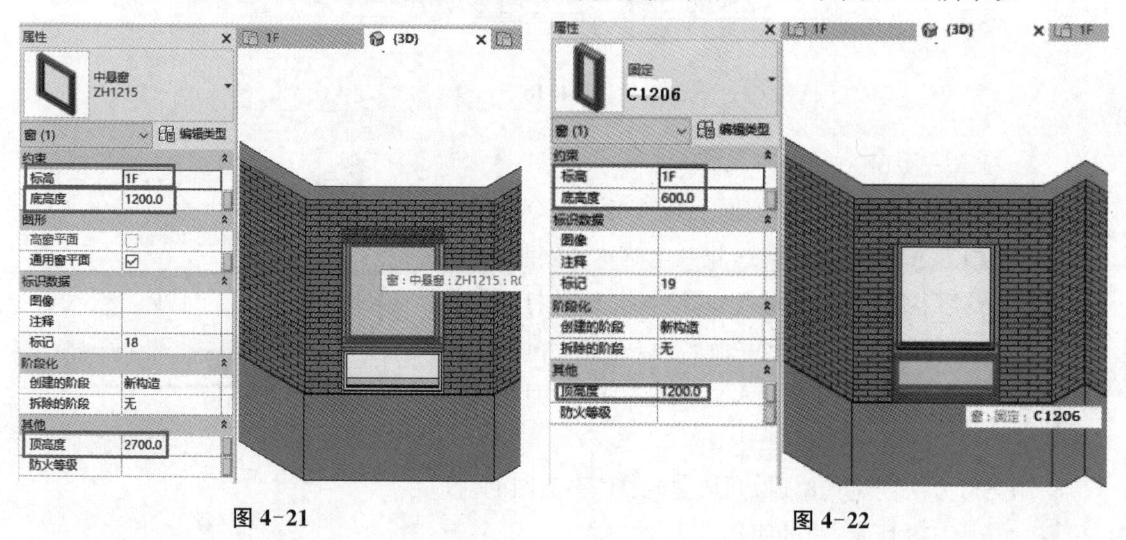

图 4-21　　　　　　　　　　　　图 4-22

六、绘制一层地板

由于车库室内的地面标高是－450 mm，即此处的地板厚度为 150 mm，其余的地面标高为 0.000，则其地板厚度为 600 mm。

操作过程：

1. 执行"建筑"选项卡→"构建"面板→"楼板"命令，如图 4-23 所示，在"属性"窗口中，选择"常规- 300 mm"，在属性面板中编辑类型，复制并命名为"常规- 600 mm"，如图 4-24 所示。

2. 在"修改|创建楼层边界"选项卡中，点击如图 4-25 所示的"拾取墙"命令，利用"边界线"沿着外墙(注意：不包含车库部分)绘制楼地板外轮廓，绘制完成后点击"完成"按钮。

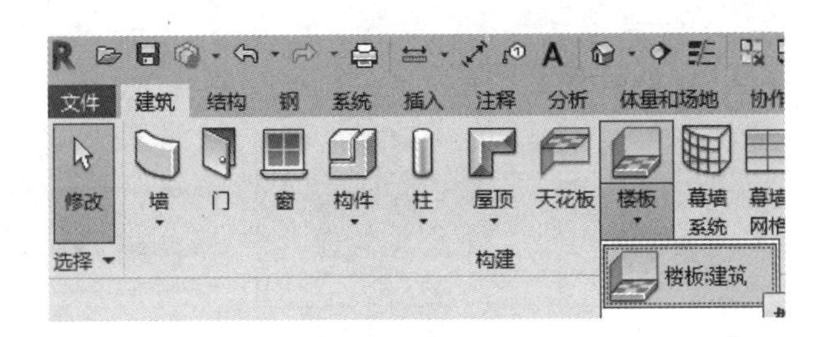

图 4-23

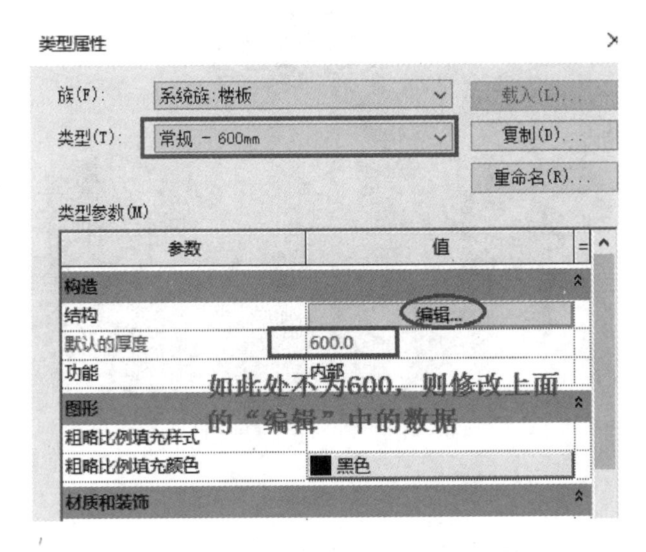

图 4-24

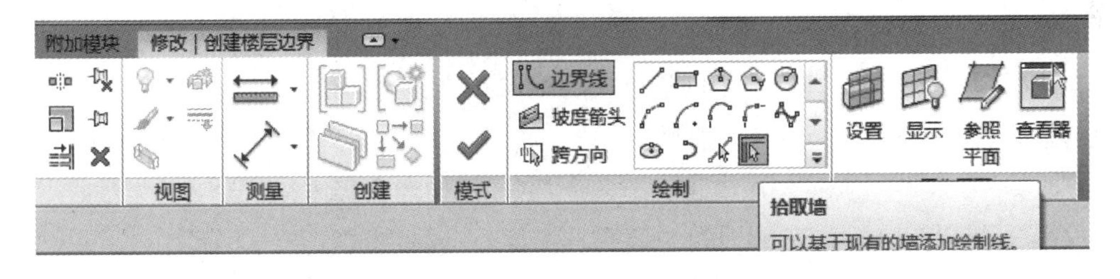

图 4-25

3. 同样，绘制车库部的地板，车库的地板厚度为 150 mm。

4. 绘制过程中，修改选项栏中的偏移数据为"0"(建议不偏移，否则易造成图形不封闭)，使用鼠标依次点击外墙，并保证选择的外墙完整封闭，如未完整选择，执行图 4-25 中"模式"对号按钮时会出现如图 4-26 所示的提示信息；同样，如果墙体中出现未封闭的地方，如图 4-27 所示，也会有提示信息。

5. 进入三维状态，观看绘制结果，如图 4-28 所示。

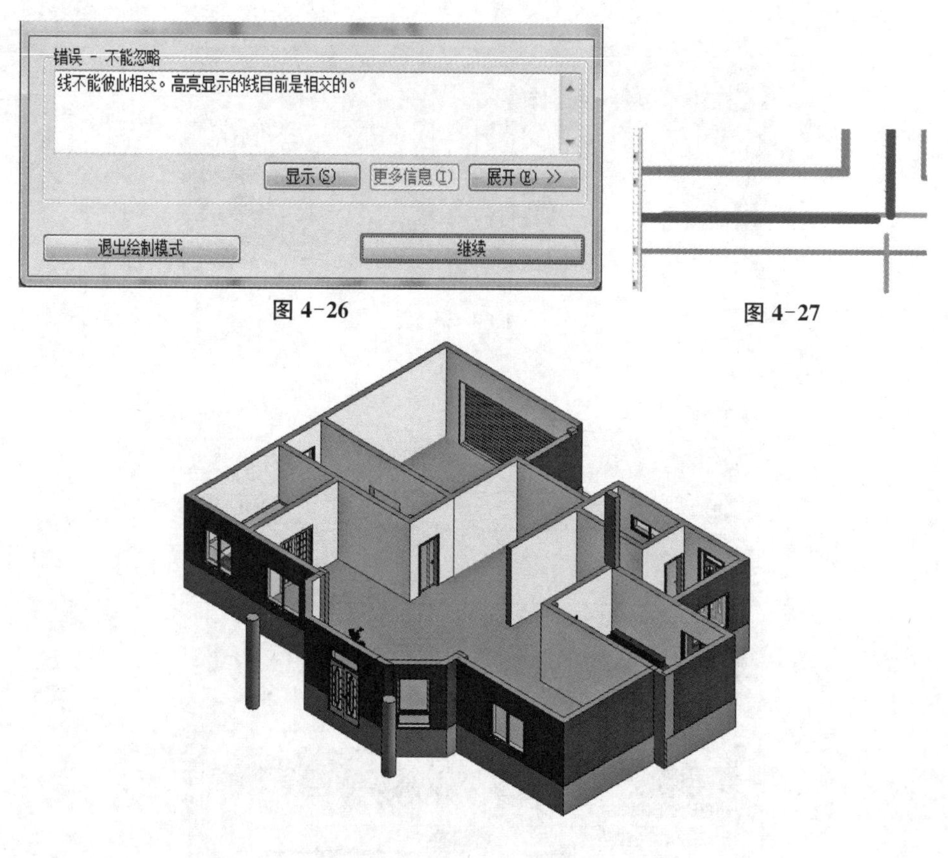

图 4-26

图 4-27

图 4-28

七、绘制一楼台阶

一楼入口台阶绘制方法思路：

方法 1：一楼入口的台阶，可用创建楼板的方式，分别建好三层楼板，通过设置属性实现楼板的叠放；

方法 2：在当前项目中，使用内建模型命令，创建拉伸产生实体；

方法 3：使用新建族方法，从外部创建拉伸实体后，插入族方式到本项目中。

由于内建模型的方式与创建族的方式相同，且族的创建方式在后面讲述，因此本处使用第一种方法。

操作步骤：

1. 在 1F 平面图中分别建三层楼板，如图 4-29 至图 4-31 所示，注意：每层楼板必须独立绘制形状创建楼板，不能同时建立，且三个椭圆各自长轴与短轴尺寸不同。

2. 三层楼板创建好后，分别选中楼板设置属性面板，设置标高均为 1F，“自标高的高度偏移值”分别为－150，－300，－450，如图 4-29 至图 4-32 所示。

3. 三维效果如图 4-33 所示，1F 平面视图如图 4-34 所示。

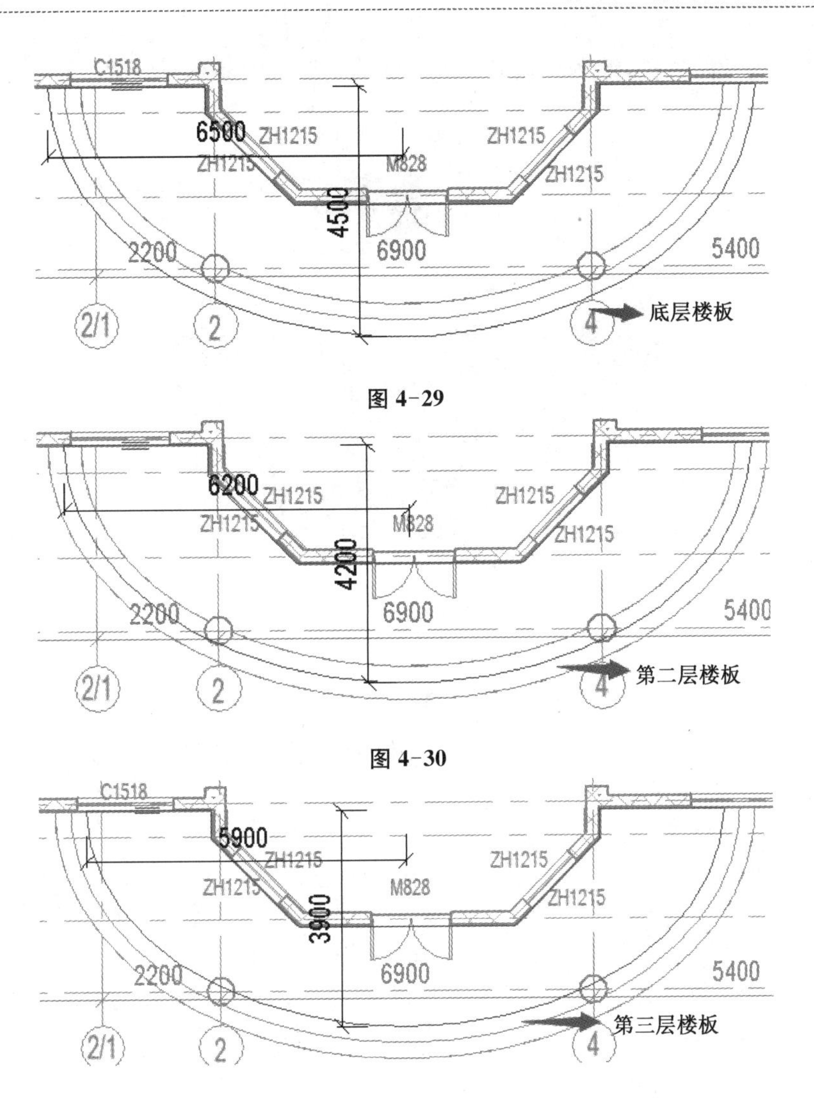

图 4-29

图 4-30

图 4-31

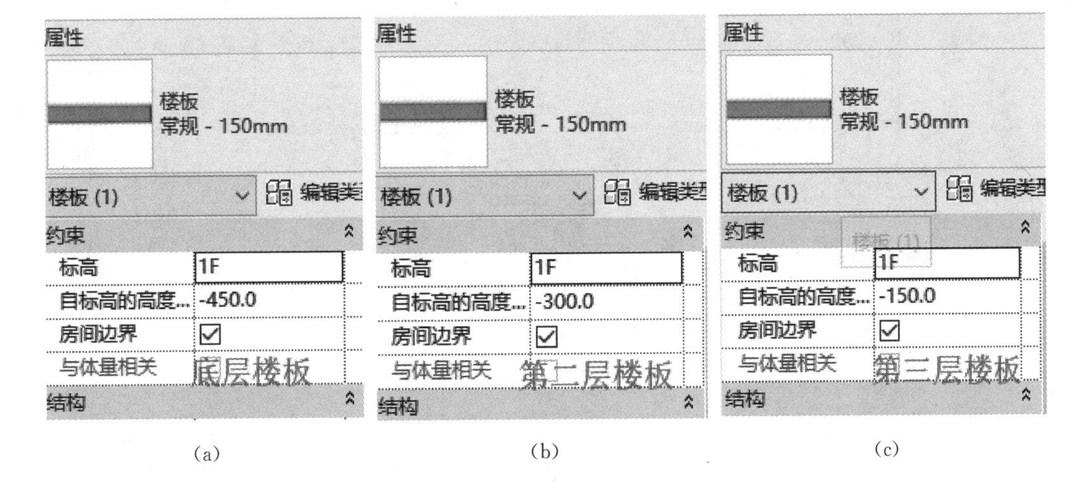

(a)　　(b)　　(c)

图 4-32

请读者用同样的方法,绘制外墙另一个门处的矩形台阶和车库处的台阶。

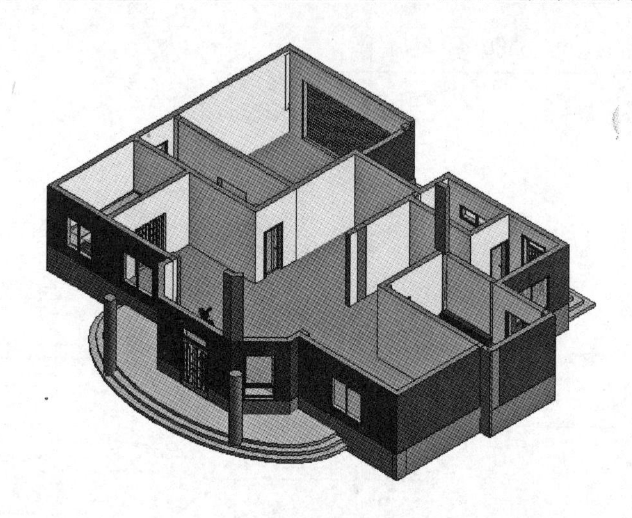

图 4-33

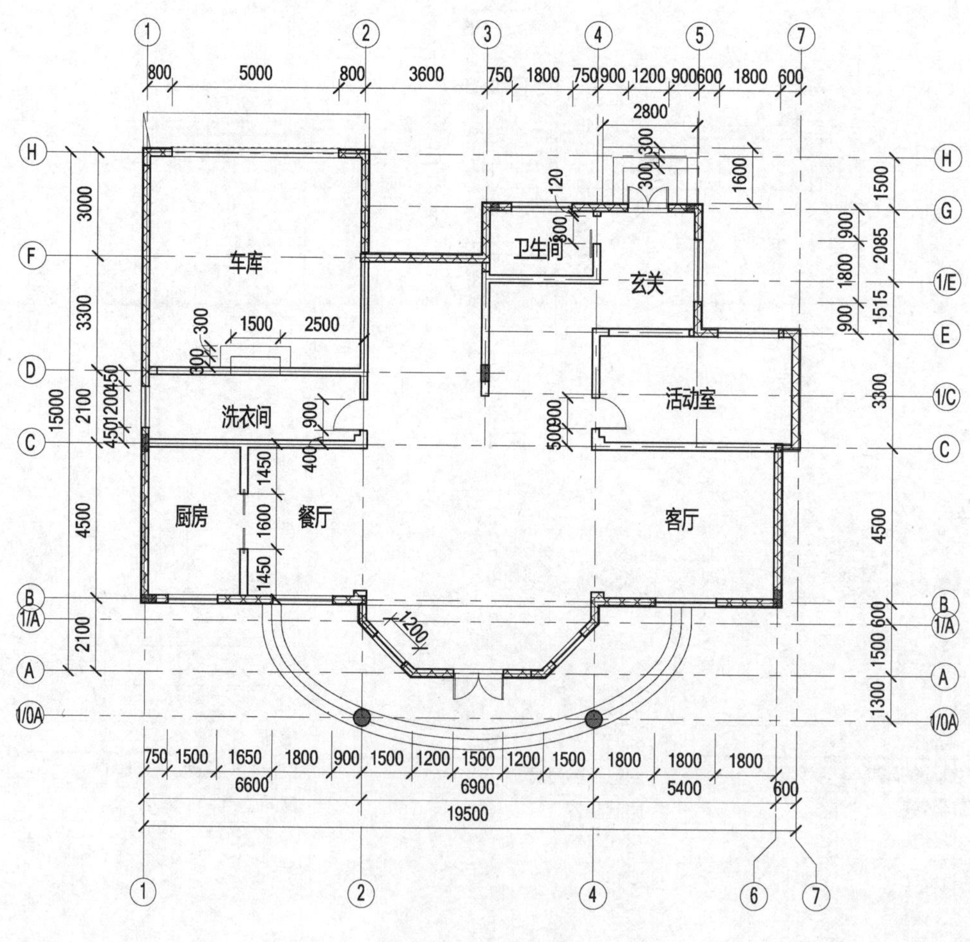

图 4-34　一层平面图

八、车库与洗衣间处内墙门洞绘制

操作过程：

1. 点取车库与洗衣间处的内墙，此时会出现“修改|墙”选项卡，在此选项卡中，执行“墙洞口”命令。

2. 在平面状态下点取墙体上中间任意两点，然后调整如图 4-35 所示的两个椭圆处的两个拖曳点调整洞口的宽度。

3. 修改此时“属性”窗口中的数据，按如图 4-35 所示数据调整。

4. 进入三维状态下，调整如图 4-36 所示右上角的 View Cube，观看此时洞口的效果(此处为显示观看效果，有意降低了一面墙的高度)。

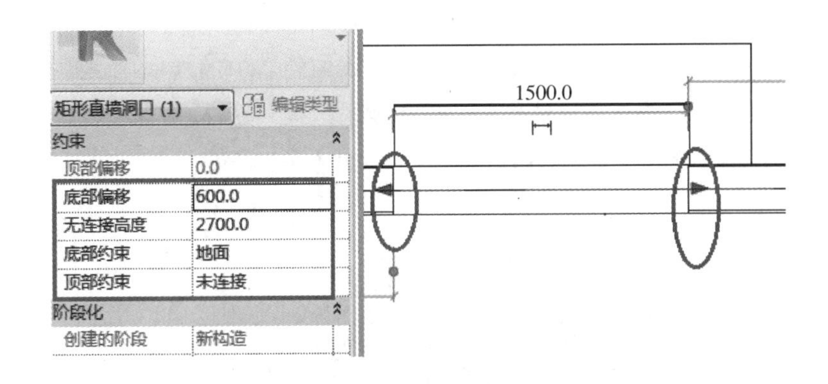

图 4-35

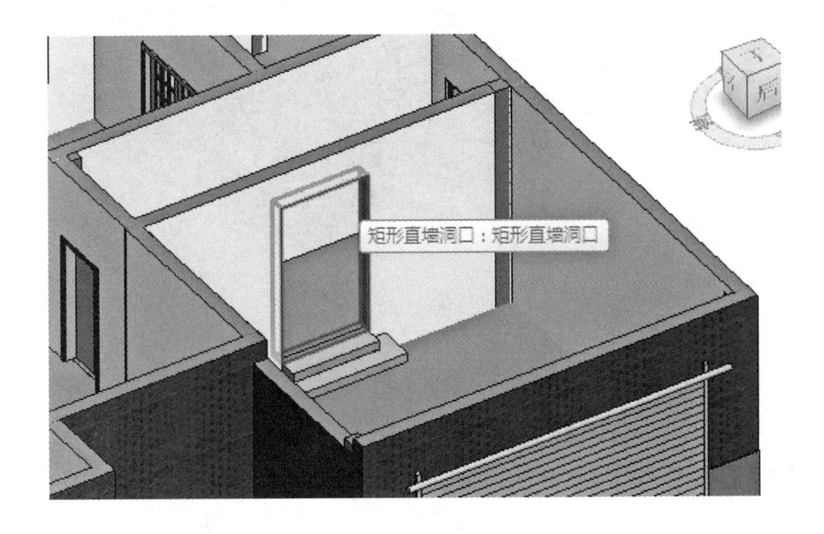

图 4-36

第二节　创建二层墙体、门、窗、楼板

二层墙体、门、窗、楼板的绘制思路过程为：利用首层中的图形，复制生成二层后，对其进行修改形成二层的绘制内容；根据楼层数及各楼层在水平面的高度，建立楼层立面标高。

一、二层墙体绘制

1. 打开前面 1F 中绘制的一层图形，切换到三维视图下，将鼠标移至任一个墙体之上，此时不要点击鼠标，墙边框呈亮显状态。

2. 此时按键盘中的 Tab 键，直至所有的外墙全部被选中，如有未选中的外墙或被多选中的内墙，可按住 Ctrl 键并点击漏选的外墙，使其添加到选中的外墙中，也可按住 Shift 键并点击需要去除的内墙，使其从被选中的外墙中取消选择。这样，确保所有的外墙和外墙中的柱子全部被选中，如图 4-37 所示，且选项卡中多出一个“修改|墙”。

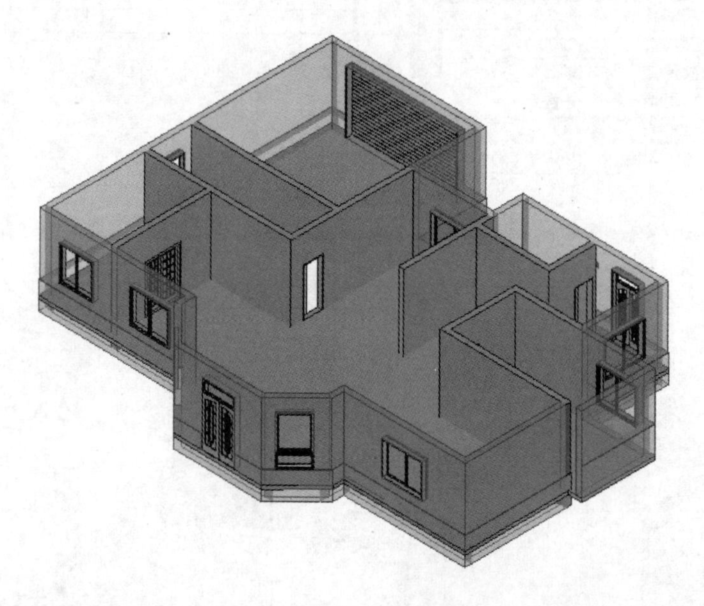

图 4-37

3. 在选项卡“修改|墙”中，执行复制命令，如图 4-38 所示，然后点击“粘贴”下拉菜单下的“与选定的标高对齐”命令（“与选定的标高对齐”跟“与选定的视图对齐”是一对互斥命令，两者均可使用），如图 4-39 所示。

4. 在出现的“选定标高”对话框中，选择“2F”和“3F”，将 1F 平面图同时复制到 2F 和 3F，如图 4-40 所示。

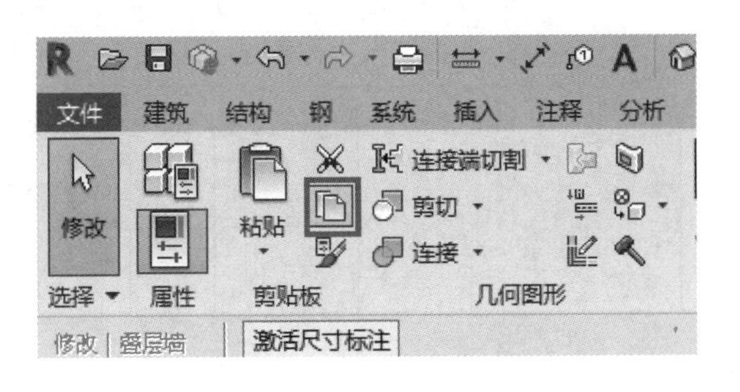

图 4-38

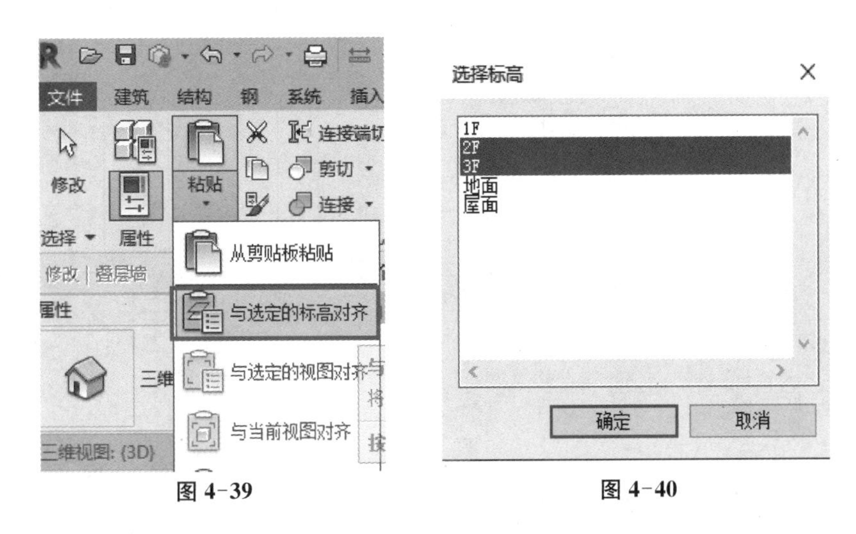

图 4-39　　　　图 4-40

5. 点击“项目浏览器”窗口中“楼层平面”下的“2F”;切换到 2F 的建筑平面图,对其进行修改。

6. 修改 2F 外墙的墙体,在墙体属性面板中设置为“外墙上部　20 红砖- 220 混凝土-10 涂料”类型,也可以使用格式刷统一 2F 外墙的类型。

7. 按照图 4-41 所示,绘制二层内部的墙体。

8. 选中内外墙体,观察“属性”面板,注意“底部约束”为“2F”,“顶部约束”为“直到标高:3F”,“底部偏移”和“顶部偏移”应为 0,如图 4-42 所示。

二、二层门窗绘制

与一层的门窗绘制相类似,绘制如图 4-41 所示的全部门窗,窗的底高均为 900 mm,门的底高为 0,操作过程略。

三、二层楼板绘制

1. 与一层的楼板绘制方法相类似,使用直线绘制二层外墙边界轮廓,选择“常规-150 mm”楼板,绘制有关阳台位置的尺寸,见图 4-43 所示,其操作过程略。

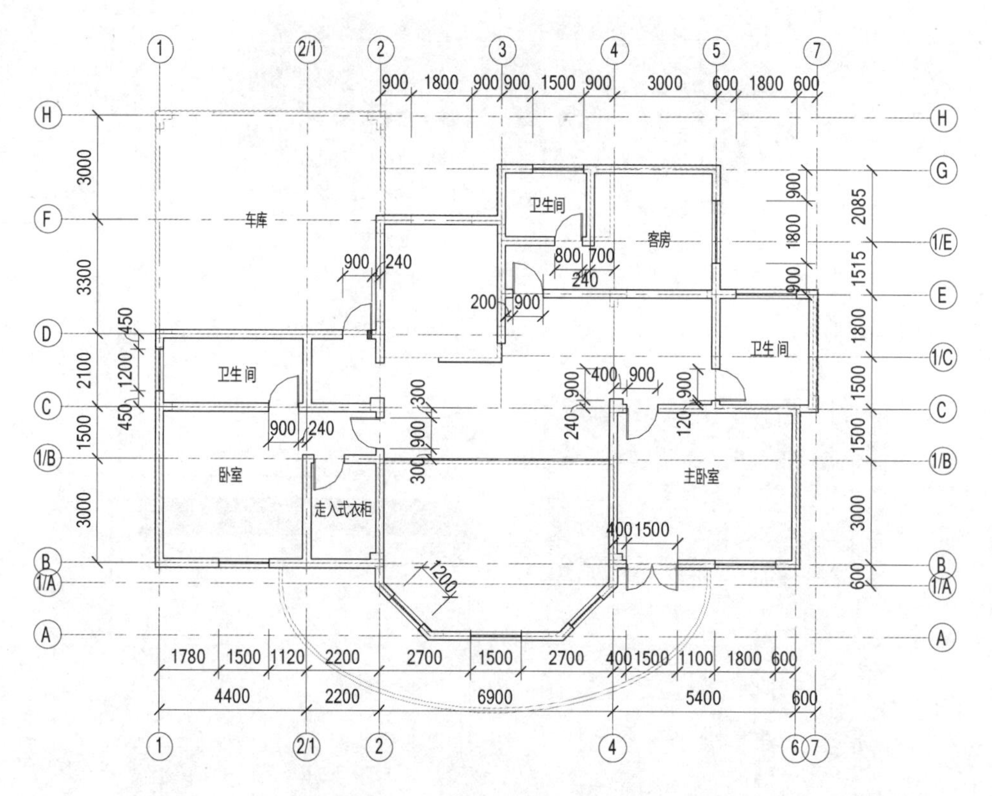

图 4-41

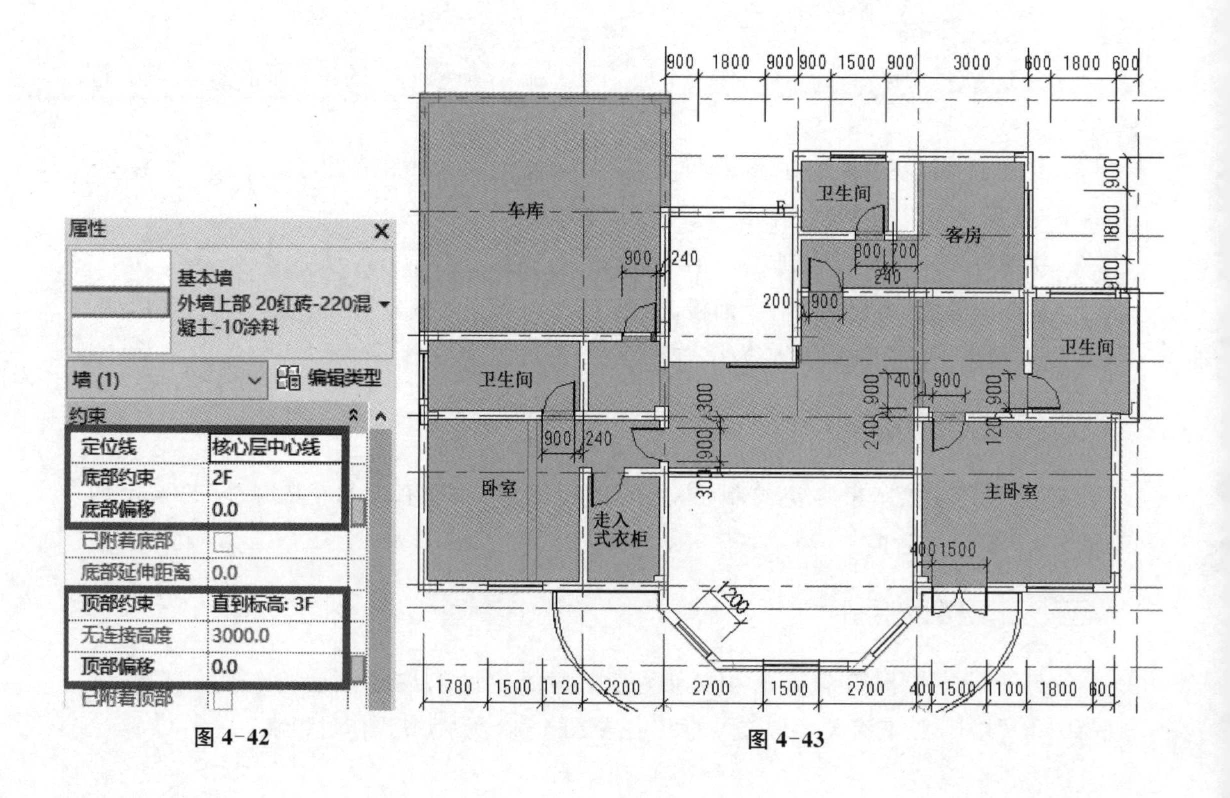

图 4-42

图 4-43

2. 绘制 2F 阳台上楼板，如图 4-44，结合“线”工具和“半椭圆”工具绘制阳台闭合轮廓即可，如图 4-45，生成三维图形如图 4-46 所示。

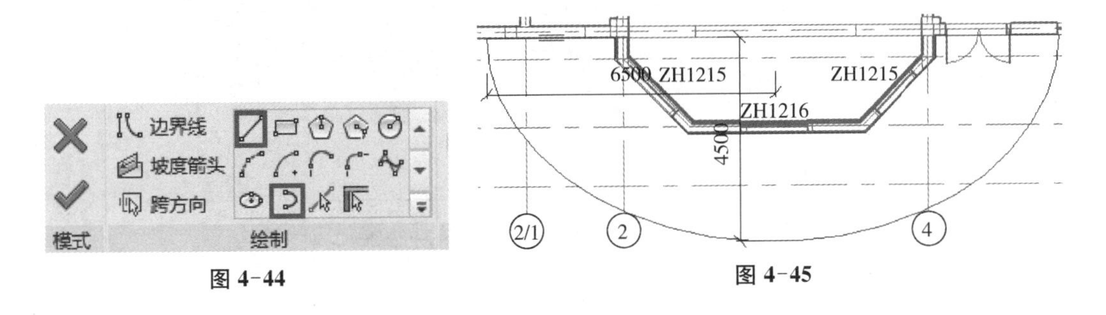

图 4-44　　　　图 4-45

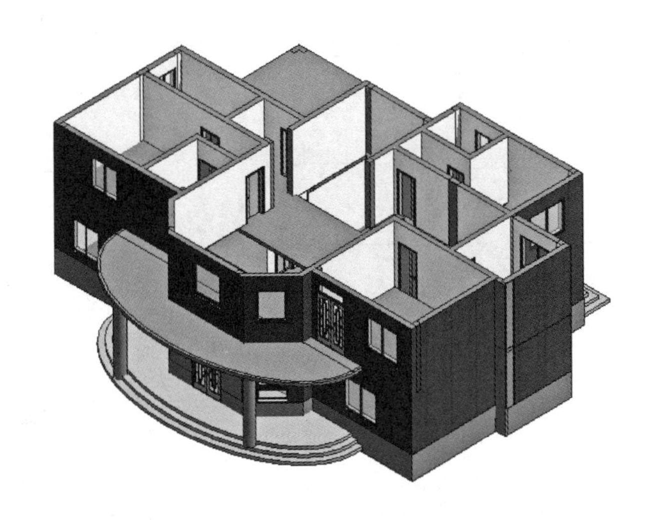

图 4-46

第三节　创建三层墙体、门、窗、楼板

绘制思路过程：

由于三层与二层变化较大，我们可以直接使用墙体绘制命令，在 3F 平面图中绘制三层墙体，其余门窗和楼板操作与第二节的操作类似。

操作过程：

1. 在“项目浏览器”中，点击楼层平面中的“3F”。

2. 选择墙体中的“外墙上部　20 红砖- 220 混凝土- 10 涂料”类型，绘制相应位置外墙，并注意设置墙体的“底部约束”为“3F”，“顶部约束”为“直到屋檐”，“底部偏移”和“顶部偏移”应为 0，与图 4-42 类似。

3. 绘制内外墙，并绘制相应的门窗，如图 4-47 所示。

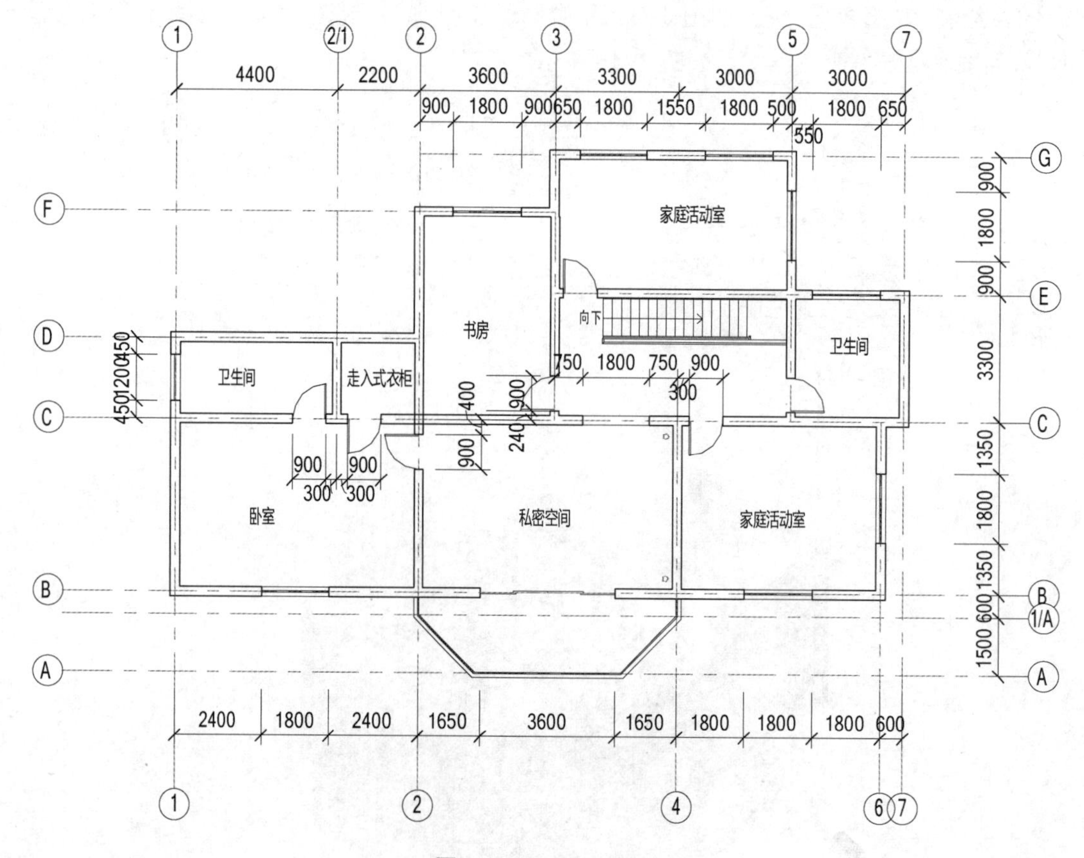

图 4-47　三层平面图

4. 修改位于轴线 3 和轴线 4 处的 C 轴上的墙体，产生异形洞口：

(1) 在轴线 C 下，使用"视图"选项卡→"剖面"命令，创建一个"剖面 1-1"剖面。

(2) 鼠标点击选中目标墙体，在新出现的"修改|墙"选项卡中，将鼠标移动到"编辑轮廓"图标上，观看此命令的使用方法。

(3) 执行"修改|墙"选项卡→"编辑轮廓"命令，会弹出"转到视图"对话框，选择其中的"剖面:剖面 1"后，按如图 4-48(a)的数据绘制轮廓，注意洞口下面使用拆分命令将线打断，结果如图 4-48(b)所示。

(4) 总结墙上开洞的几个方法：

A. 使用"建筑"选项卡→"洞口"选项→"墙"洞口命令绘制矩形洞。

B. 选中墙体后，使用"编辑轮廓"命令，可创建异形洞。

C. 使用"建筑"选项卡→"内建模型"方法，利用"常规模型"状态练习绘制空心拉伸方法，在墙体上开洞，此方法也可创建异形洞(此方法在学会"族"的第一节后，请读者自己练习使用)。

D. 使用"面墙"绘制墙体侧面轮廓。

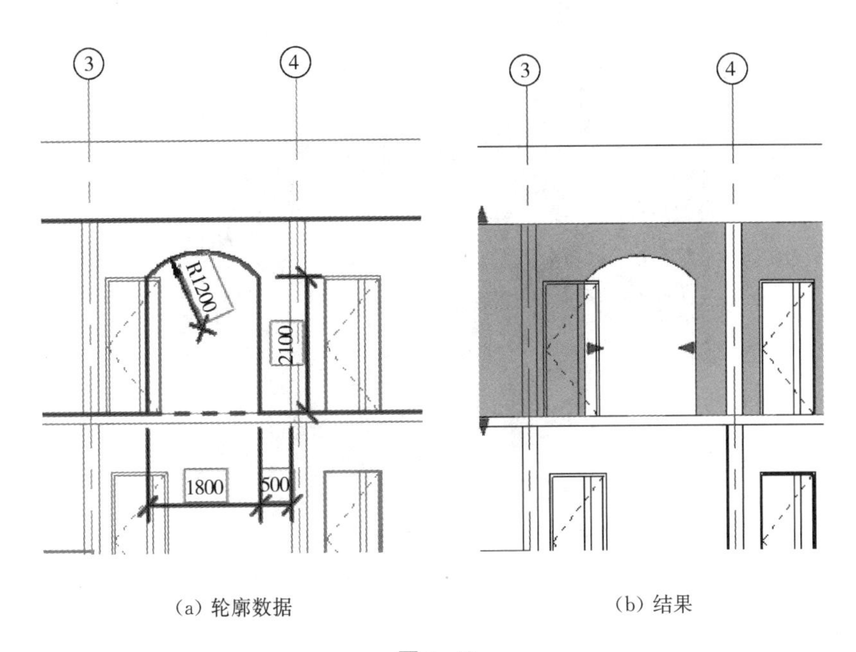

(a) 轮廓数据　　　　(b) 结果

图 4-48

5. 绘制 3F 楼板，如图 4-49 所示，注意楼梯洞口的预留，大小自己先估计，后面可以双击楼板进行修改。

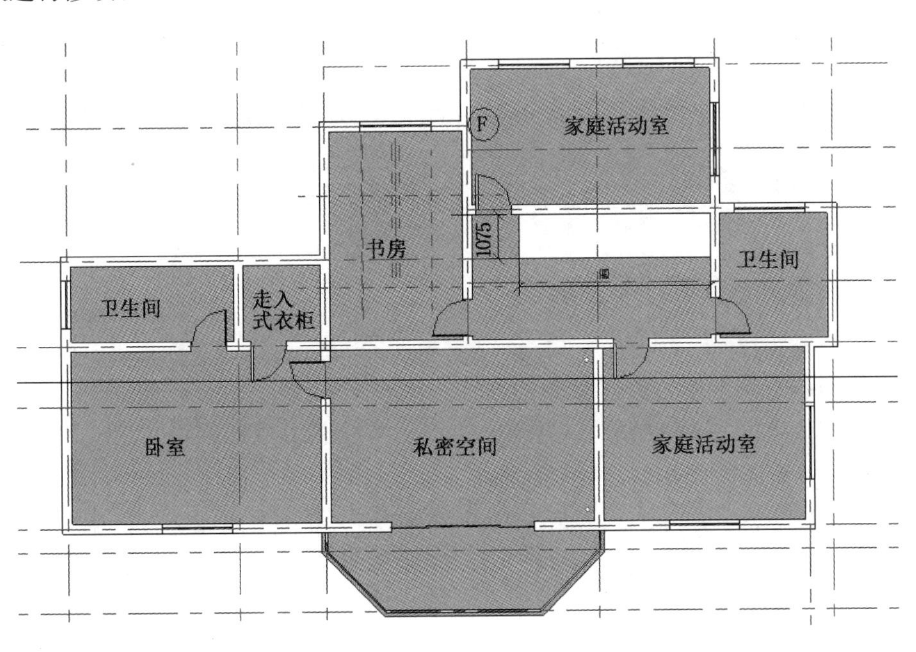

图 4-49

6. 三维效果图如图 4-50 所示。

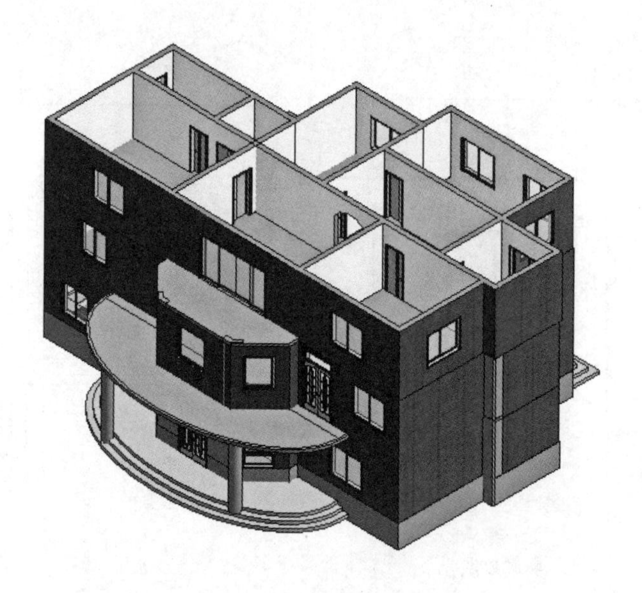

图 4-50

第四节　绘制楼梯

此处楼梯分布于两个地方,即一层的双跑楼梯和二层的 L 形楼梯。

一、一层双跑楼梯

操作过程:

1. 在“项目浏览器”窗口中,选择“1F”,进入 1F 楼层平面。

2. 在“建筑”选项卡中,点击“参照平面”(或从键盘输入“RP”),绘制如图 4-51 所示的几个参照平面来确定楼梯的位置(注意此图中的 789 其实际宽度为 788.75 mm)。

3. 执行“建筑”选项卡→“楼梯”命令,在新出现的“修改|创建楼梯”选项卡中,执行“梯段”中的“直梯”命令,如图 4-52 所示。

4. 修改此时的“属性”窗口中的选项参数,先设置楼梯的状态参数,然后按图 4-53 所示的四个点的位置及次序绘制楼梯。

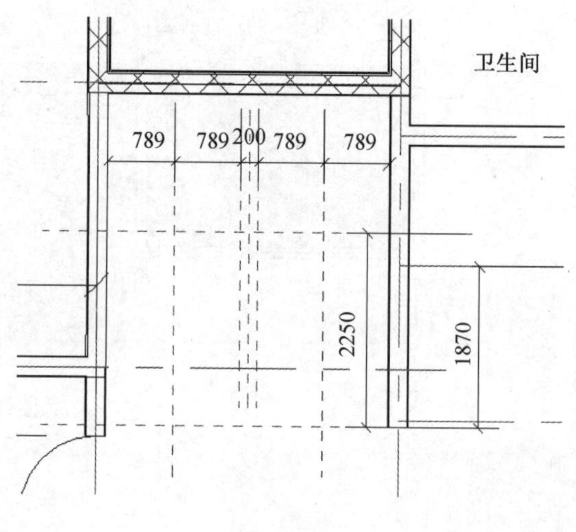

图 4-51

图 4-52

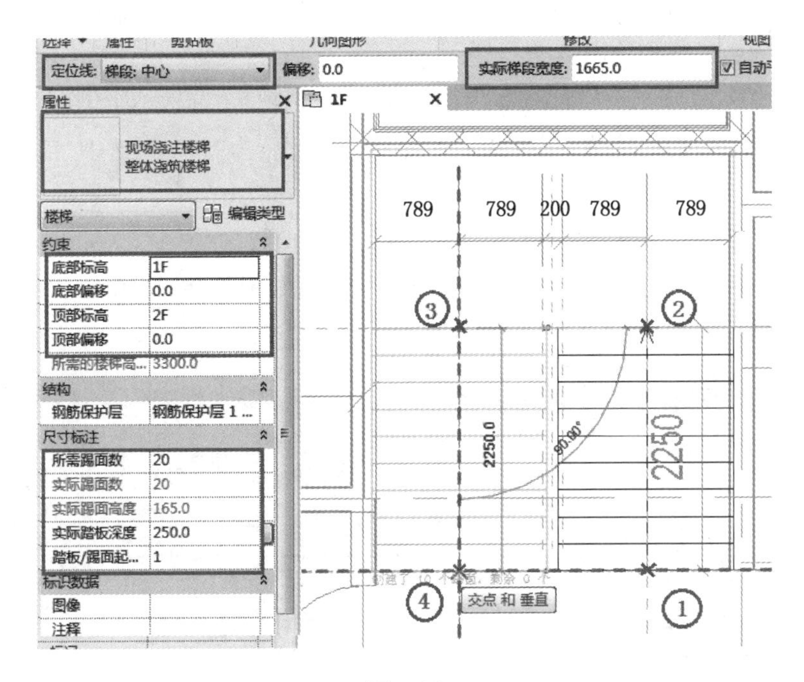

图 4-53

5. 点击如图 4-52 所示中的绿色对号，完成楼梯的创建。

6. 将鼠标移动到 1F 平面状态下的双跑楼梯处，可看到鼠标在不同的梯段和中间休息平台时，该梯段或休息平台显示为蓝色。

7. 选中双跑楼梯的外侧栏杆扶手，并删除。

8. 调整绘制楼梯中自动产生的“向上”的位置，放置到如图 4-53 所示的圆圈 1 所在的上楼位置的中间附近。

9. 进入三维视图状态，点击此时“属性”窗口中的“剖面框”选项，这里三维图形中出现一个透明长方体形状的线框，仔细观看此框的每个面，都有一个拖曳方向，调整观看此时的三维图形，如图 4-54 所示。

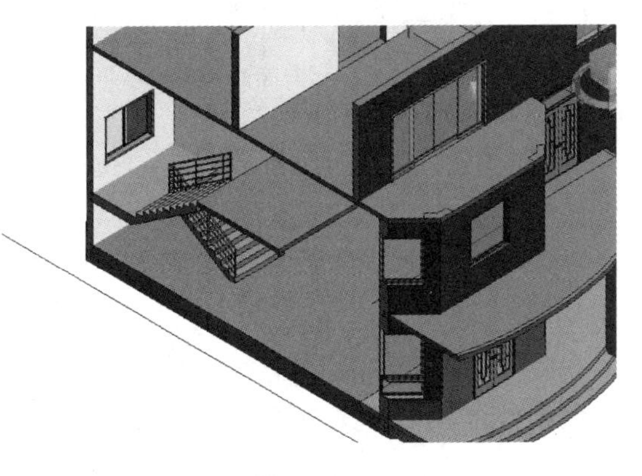

图 4-54

10. 如果前面在绘制二层楼板时，未在楼梯处开洞，此处可使用“竖井”命令开洞，也可双击楼板，编辑楼梯位置处的轮廓开洞。

二、二层 L 形楼梯

操作过程：

1. 在“项目浏览器”窗口中，选择“2F”，进入 2F 楼层平面。

2. 使用“建筑”选项卡→“参照平面”，绘制相应的参照，如数据较清晰且操作熟练，可以在设置好相关参数后直接绘制楼梯。

3. 执行“建筑”选项卡→“楼梯”命令，在新出现的选项卡“修改|创建楼梯”中，选中“梯段”中的“直梯”，设置当前选项卡中的状态栏中的梯段宽度为“1000”，选中“自动平台”，如图 4-55 所示。

4. 在“属性”窗口，选择“组合楼梯”，且设置相应的参数，如图 4-55 所示。

5. 按图 4-55 所示的鼠标点击的位置及次序，绘制 L 形楼梯，绘制完毕后，点击绿色的对号完成楼梯的创建。

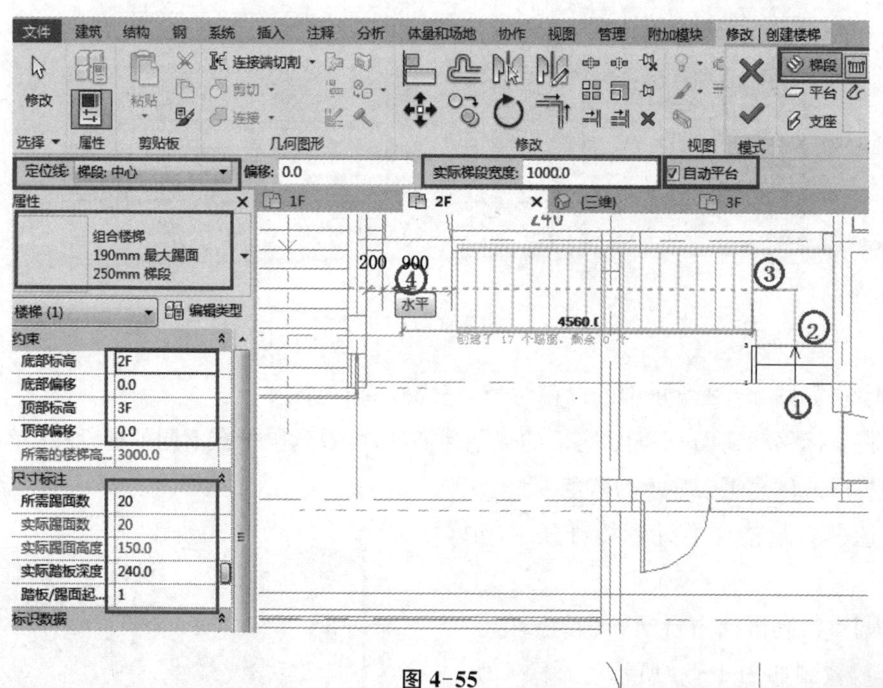

图 4-55

6. 删除靠近墙体侧自动生成的栏杆，此时的平面效果如图 4-56 所示。

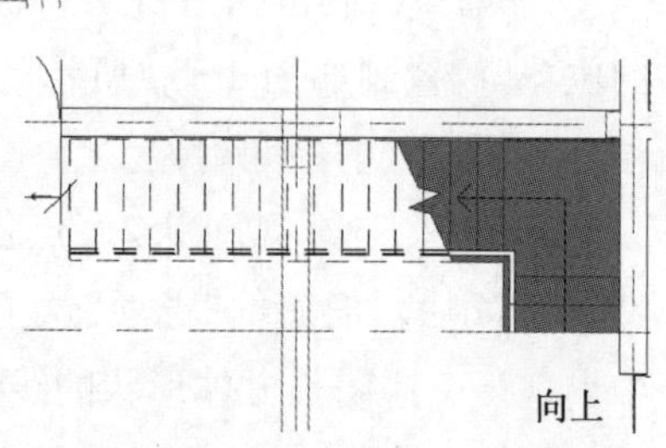

图 4-56

7. 使用三维视图下的“剖面框”功能，自己调整观看 L 形楼梯的三维效果，如图 4-57 所示。

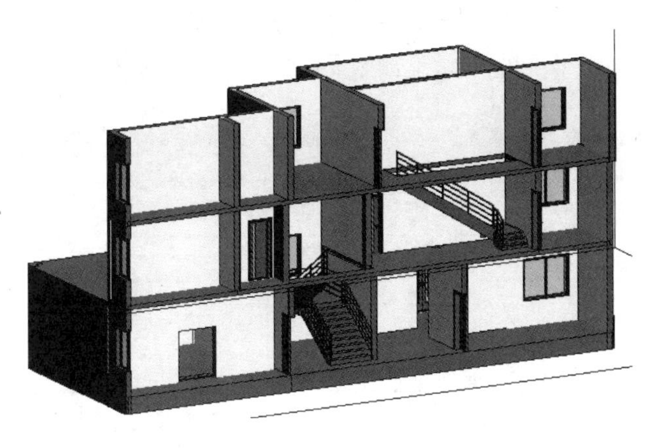

图 4-57

第五节　绘制栏杆

一、修改一层楼梯的栏杆扶手

操作过程：

1. 使用“插入”选项卡，执行“载入族”命令，打开族文件中的“建筑\栏杆扶手\栏杆\中式栏杆”下的“中式宝龄栏杆”文件。

2. 使用“插入”选项卡，执行“载入族”命令，打开族文件中的“建筑\栏杆扶手\栏杆\常规栏杆\普通栏杆”下的“支柱—中心柱”文件。

3. 点取图形楼梯中间的栏杆扶手，在“属性”窗口中，点击“编辑类型”按钮。

4. 在出现的“类型属性”对话框中，点击“复制”按钮，将其命名为“自定义栏杆扶手900 mm”，然后在此对话框中，修改“顶部扶栏”的材质为“胡桃木”，如图 4-58 所示。

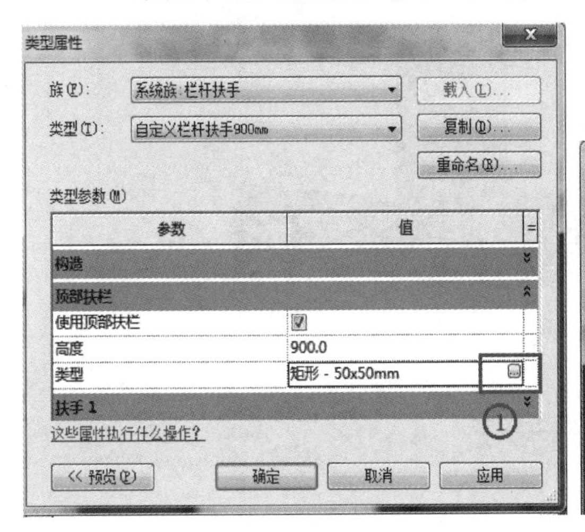

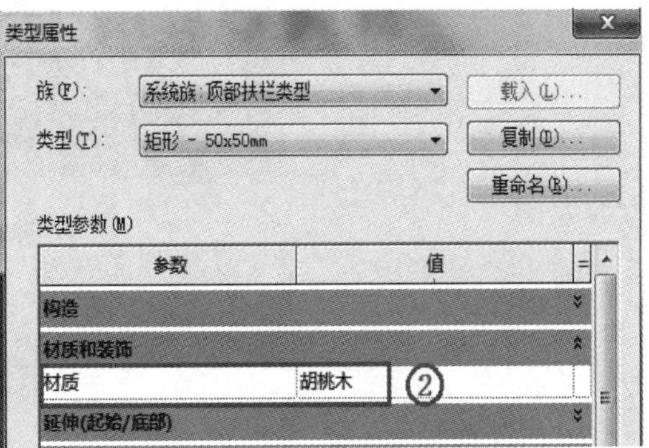

图 4-58

5. 修改参数中的"扶栏结构",将其中的扶手**全部删除**。

6. 修改参数中的"扶栏位置",结果如图 4-59 所示,注意此处要先加载相应的栏杆族。

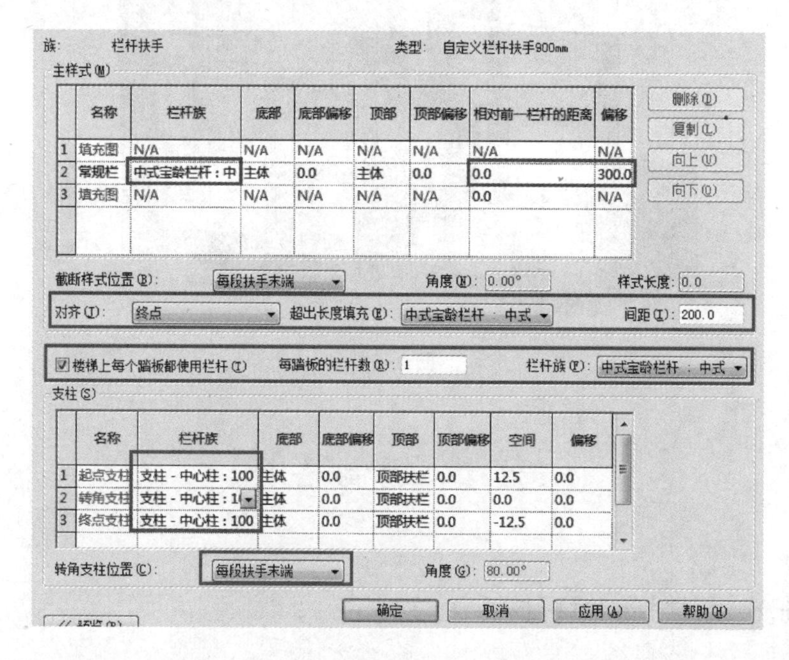

图 4-59

7. 同样,修改二层的栏杆,然后观察三维中的图形,结果如图 4-60 所示。

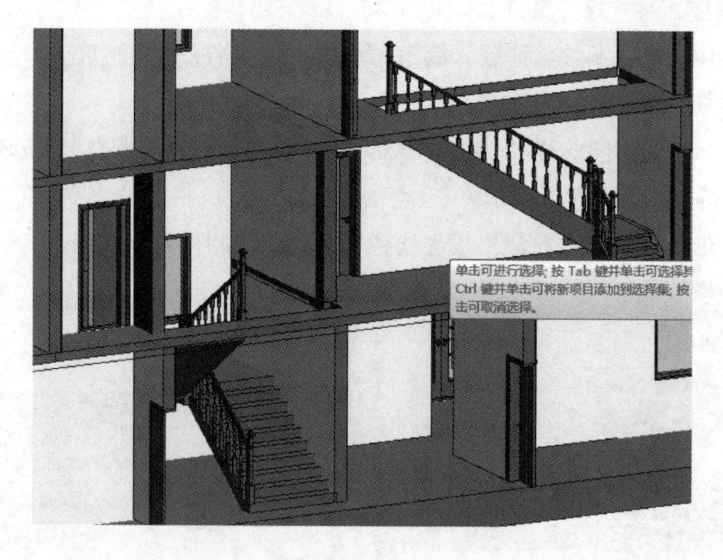

图 4-60

二、绘制二层和三层楼梯洞口处的栏杆扶手

操作过程:

1. 进入2F平面视图，执行“建筑”选项卡→“栏杆扶手”→“绘制路径”命令，在如图4-61所示的位置绘制栏杆扶手的路径，完成后点击绿色的对号结束。

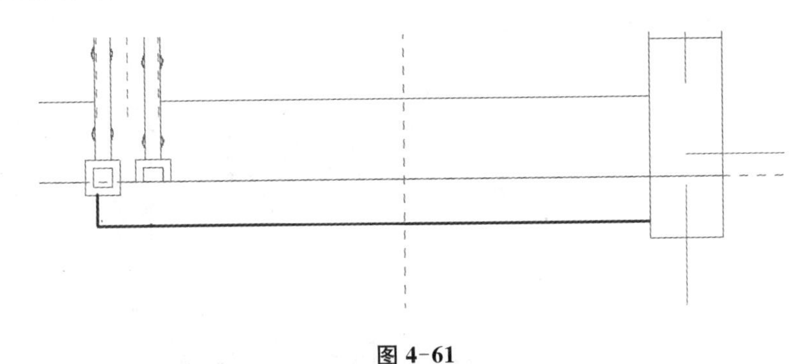

图 4-61

2. 选中刚才创建的栏杆，点击“属性”窗口，修改其栏杆扶手为上面创建的“自定义栏杆扶手 900 mm”类型。

3. 观看三维效果，如果栏杆数量少，请按照图 4-59 设置“主样式”中的参数，效果如图4-62所示。

4. 同样方法，创建三楼楼梯洞口处的栏杆，三维效果如图 4-62 所示。

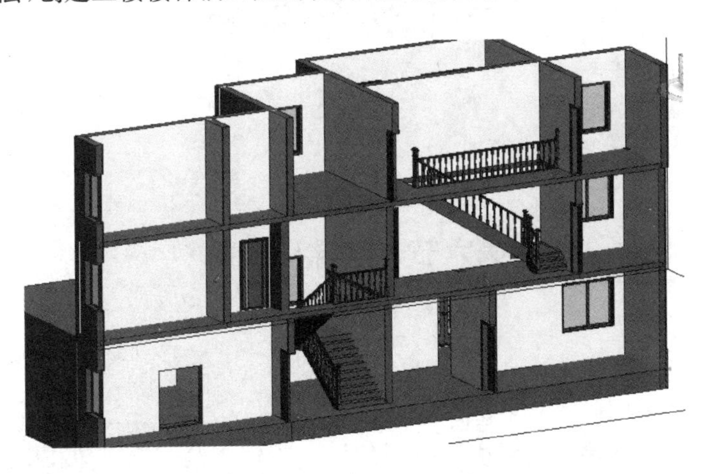

图 4-62

三、三层阳台的栏杆扶手

操作方法与前面类似，此处不再赘述。

四、二层阳台的栏杆扶手

操作过程：

1. 车库之上的楼板处栏杆扶手，其绘制方法与前面的相同，只是绘制产生后，将其“属性”窗口中的“底部标高”设置为“2F”，“底部偏移”设置为“－150”。

2. 进户处二层的弧形阳台,其路径要设置为多段圆弧连接产生,其余方法不再赘述。

3. 观看三维效果,如图 4-63 所示。

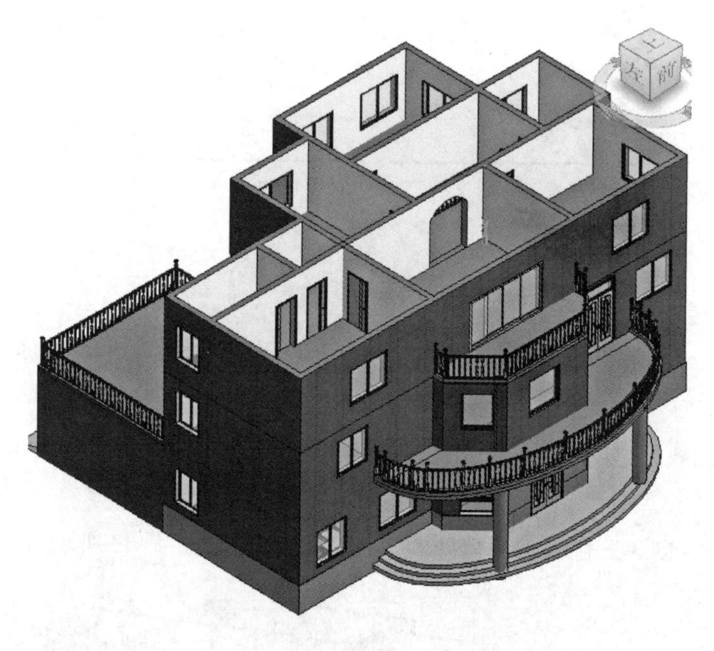

图 4-63

第六节 绘制屋顶

操作过程:

1. 在“建筑”选项卡→“构建”→“迹线屋顶”,选择 3F 平面图,开始创建屋顶;按要求调整屋顶的坡度和所在平面高度,并添加悬挑的长度为 600 mm,在编辑类型中修改屋顶材质和厚度,跟楼板相同即可,如图 4-64 所示。

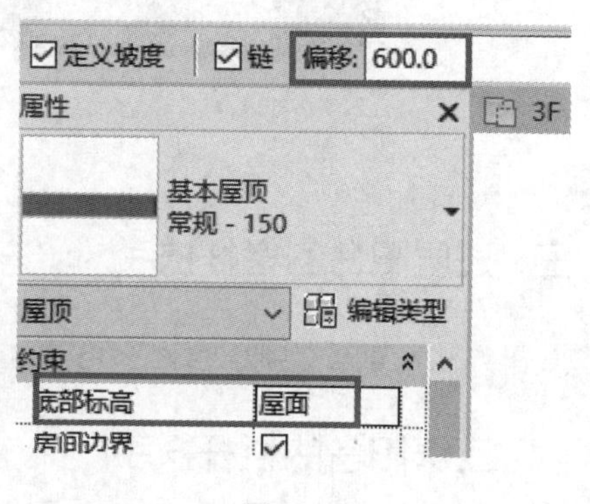

图 4-64

2. 选择“拾取墙”命令,选择墙按“Tab”键,可选中全部外墙体,单击左键绘制闭合轮廓线,或者用直线命令描出外墙外轮廓,如图 4-65 所示。

3. 可调整坡度,如图 4-66 所示,点击绿色对号完成设置,平面效果如图 4-67 所示。

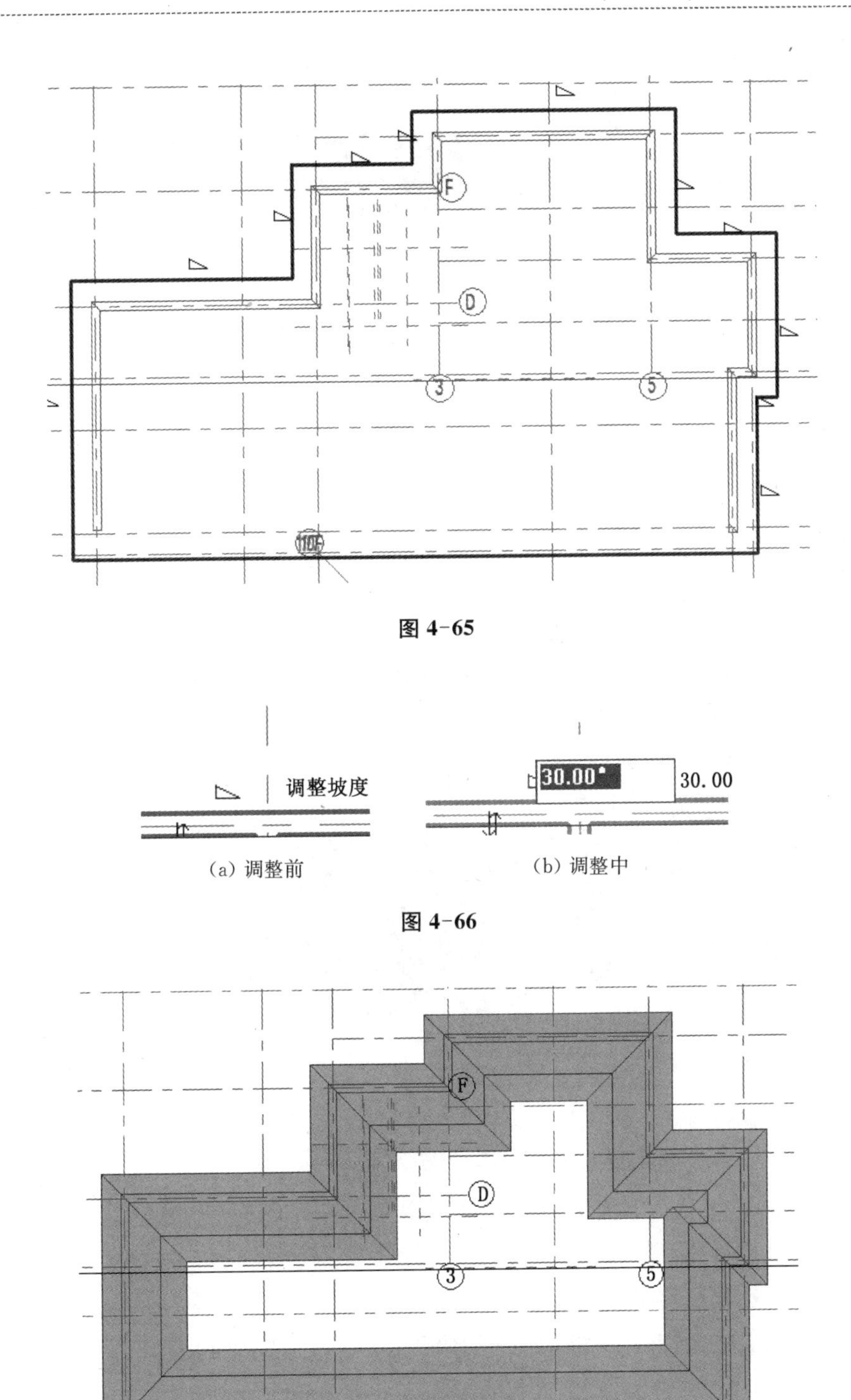

图 4-65

(a) 调整前　(b) 调整中

图 4-66

图 4-67

4. 观察三维视图，在剖面框图下检查 3F 的墙体，如发现部分墙与屋顶没有连接，可选中该墙体，在“修改|墙”面板中选择“附着顶部/底部”命令，再点中屋顶，即可将墙体附着于

屋顶底部，如图 4-68 所示。

图 4-68

5. 切换三维视图，查看别墅模型，如图 4-69 所示。

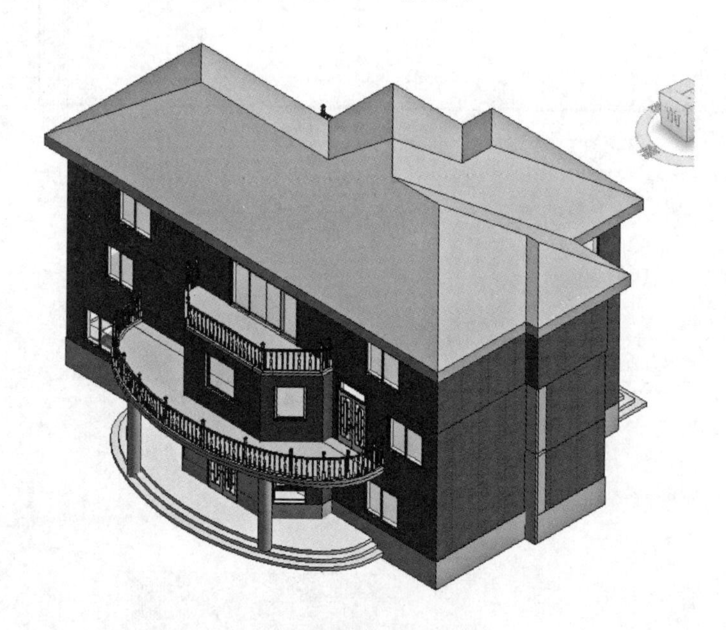

图 4-69

6. 二层车库上面阳台处的玻璃平面屋顶的绘制：

A. 执行“建筑”选项卡→“构建”→“迹线屋顶”，将此时的“属性”窗口的“基本屋顶 1”改为“玻璃斜窗”，并设置相应的参数，如图 4-70 所示。

B. 使用直线勾勒玻璃屋顶的边界，如图 4-70 所示。

C. 在三维状态下，点取此玻璃屋顶，修改“坡度”数据为“0”，如图 4-71 所示。

7. 玻璃不可能悬空，此时要添加支撑的柱子，这留给读者自己练习。

其他练习：

1. 此处车库坡道，建议在内建模型中使用常规模型进行实体拉伸产生。

2. 散水可使用常规模型拉伸产生，也可用楼板创建，但要对子对象进行编辑后产生斜坡。

3. 墙体装饰条，此处没有绘制。

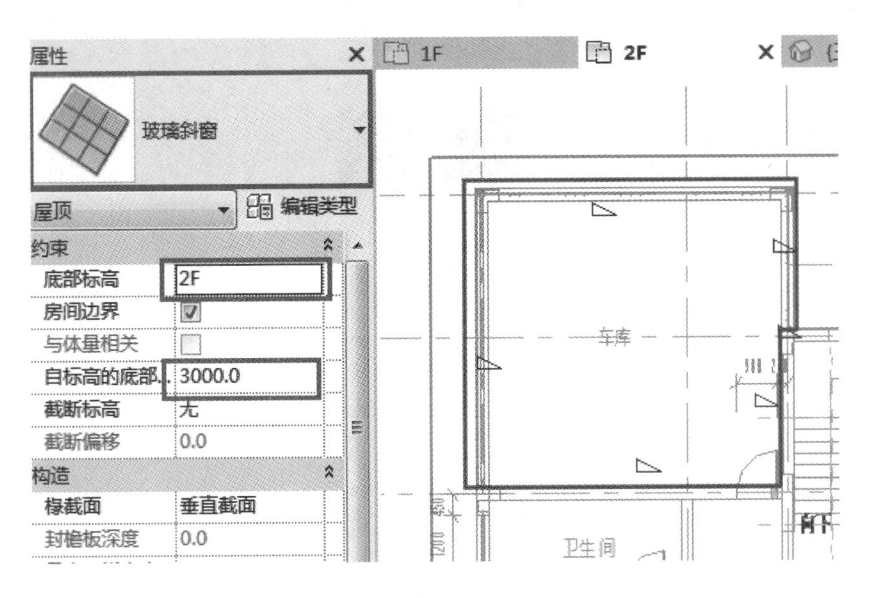

图 4-70

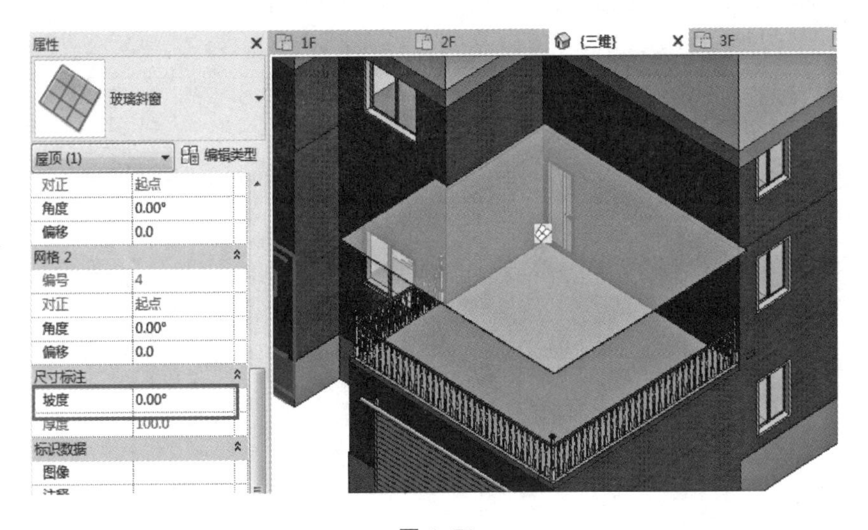

图 4-71

以上这些读者可自己学习。

项目五

族（建　筑）

第一节　基本立体创建命令

一、要求：按尺寸要求绘制下列四个立体图形(图 5-1)

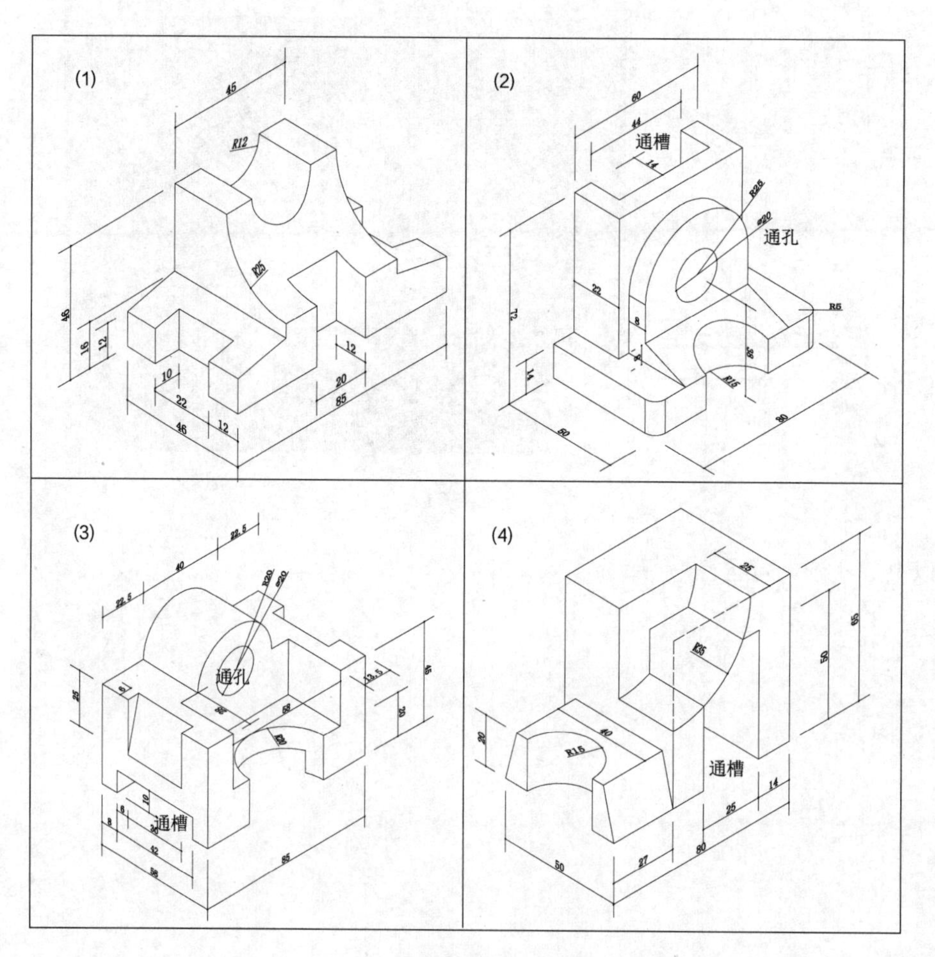

图 5-1

二、预备知识

常规的创建模式：拉伸、旋转、融合、放样、放样融合等命令以及空心命令(用于对实体模型进行掏、切等操作)。此类方法可用于创建一些族、内建模型。

1. 常用的立体生成方式有两种：切割(从已有的立体中掏去不需要的部分)和合并(几个小的立体合并成一个复杂形状的立体)。

2. 三维坐标方向：*X*、*Y*、*Z* 三个轴的**正方向为正，反方向为负**。正常 *XY* 平面与屏幕面重合时，*Z* 方向确定规则：**顺着眼光的方向为负，逆着眼光的方向为正**。

3. 相关命令与思想方法初识：在 Revit 中，从单一一个立体角度，不规则立体的构建是通过切割方式产生的掏空部分。其本质是从一个规则实体形状中切割去空心形状与实体形状间相交部分。

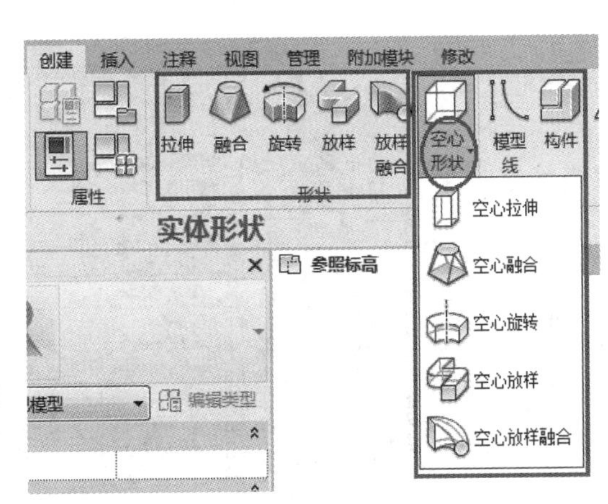

图 5-2

空心形状的产生方法与实体形状产生的方法一致。实体形状的产生方法是拉伸、融合、旋转、放样、放样融合这五种，如图 5-2 所示。

观察图 5-2 所示中的图标形状，可知：

A. 拉伸是在某一面上产生好平面图形

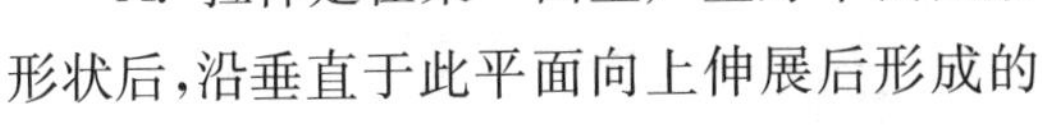
形状后，沿垂直于此平面向上伸展后形成的

立体。图标命令中形状是矩形底面，实际上可以是任意形状的底，如五角星形。

B. 融合是两个不同高度的平面形状实现平滑过渡产生的实体。

C. 旋转是某一个截面形状，以某一轴线为中心旋转后产生的实体。

D. 放样是任一截面的形状，沿任意形状的路径拉伸后产生的实体，注意，此处的路径可以是曲线，也可以是直线，但初始段要垂直于截面。

E. 放样融合是将放样命令与融合命令合二为一。

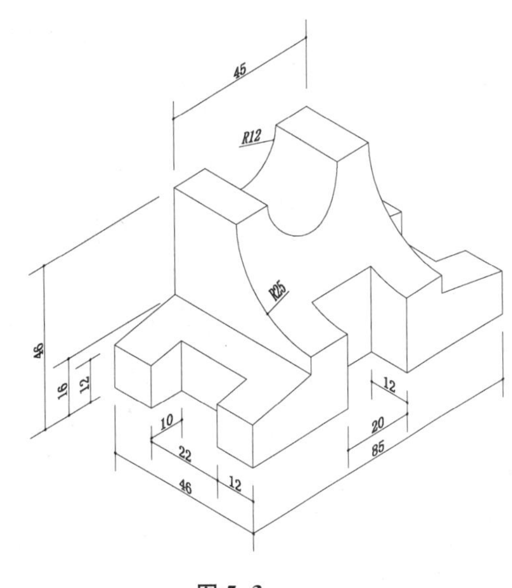

图 5-3

三、第一个立体图形的绘制

1. 观察图形，分析思路

观察图 5-3，最大的一个为长方体，长 85，宽 46，高 46。

在垂直方向上，掏空三个长方体，分别为左右两个长 22，宽 10，高 46；另一个长 20，宽 12，高 46。

在前后方向上，掏空两个截面是梯形的相同实体，梯形一边长 30，另一边长 34，高 20，深 46；掏空一个半径为 12 的圆柱体。

在左右方向上，掏空一个半径为 25 的四分之一圆柱体。

2. 操作过程

A. 打开 Revit 软件，点击“族”中的“新建”，在打开的对话框中，选择“公制常规模型.rft”样板，如图 5-4 所示。

图 5-4

B. 在打开的绘图区中，使用“创建”选项卡→“拉伸”命令，在出现的“修改|创建拉伸”选项卡中，选择其中的“绘制”选项中的“矩形”命令，绘制如图 5-5 所示的矩形，并修改“属性”窗口中的“拉伸终点”数据为 46，然后点击绿色的对号。

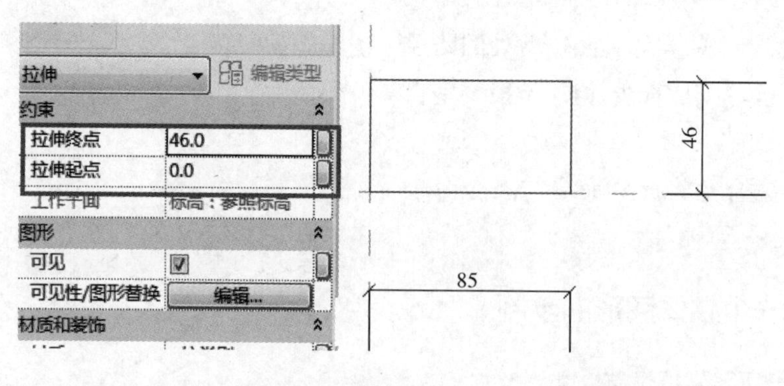

图 5-5

C. 在当前状态下，使用“创建”选项卡→“空心形状”下的“空心拉伸”命令，绘制两个矩形,同样拉伸终点为 46,如图 5-6 所示。

D. 在“项目浏览器”窗口中,点击“立面”中的“前”立面,同样,执行“空心拉伸”命令,绘制一个圆形和两个对称的梯形,并设置拉伸长度为“−46”(注意,如果与实体不相交,则为黄色的提示,如相交,则会从立体中掏空半圆柱),三维下观察的结果如图 5-7 所示。

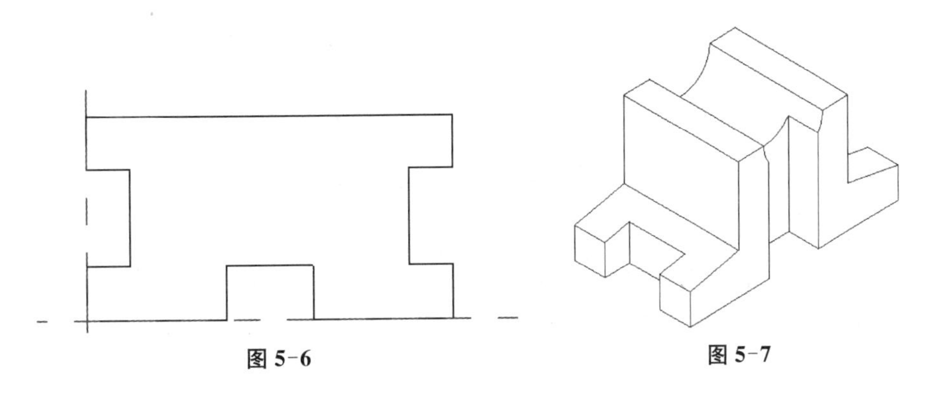

图 5-6　　图 5-7

E. 在“立面”视图中,切换到“左”立面,绘制半径为 25 的空心拉伸圆柱,拉伸长度为 85,三维结果如图 5-8 所示。

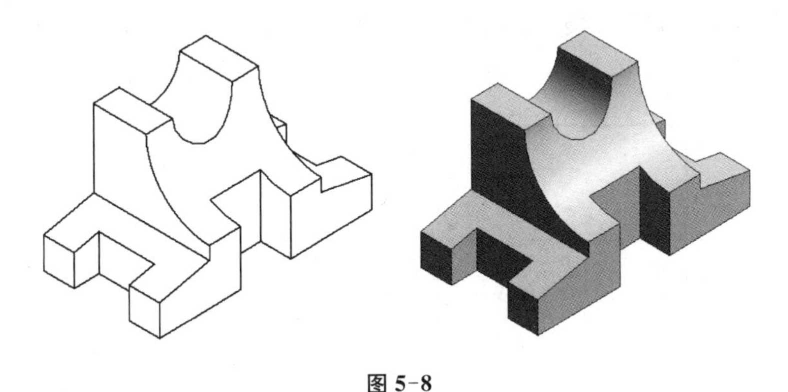

图 5-8

四、第二个立体图形的绘制

1. 观察图形,分析思路

先整体实体拉伸后产生一个长方体,然后从水平向上空心拉伸通槽和半径 15 的圆柱掏空;再前后空心拉伸直径 20 通孔、两个直通到后的长方体以及一个拉伸长度只有 28 的直线和圆弧构成的异形体掏空、左右空心拉伸带斜边的梯形或异形掏空。

2. 操作过程

(1) 新建族,选择“公制常规模型”样板。

(2) 在“楼层平面”为“参照标高”的当前平面下,执行“拉伸”命令,绘制矩形 80×50,然后绘制一个半径为 5 的圆,将其移动到如图 5-9 左侧所示位置后,执行“镜像”命令,产生如图 5-9 左侧所示结果。

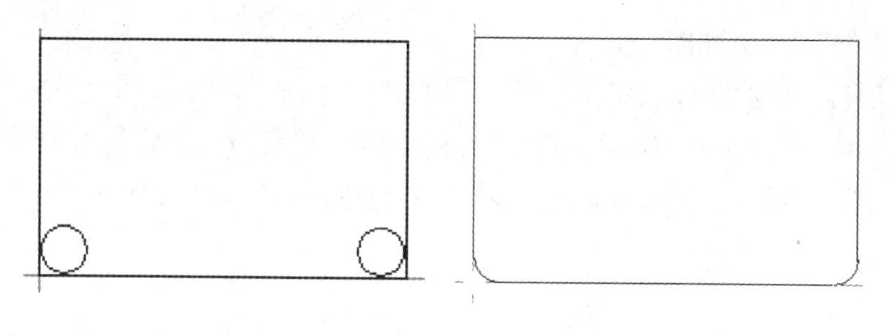

图 5-9

(3) 对图 5-9 左侧执行修剪，产生右侧所示结果，然后修改“属性”窗口中的“拉伸终点”为 72，再点击绿色对号。

(4) 在当前水平状态上，执行“空心拉伸”，绘制通槽和半径 15 的圆柱体。

(5) 切换到前立面，绘制通孔，拉伸终点为“－50”（当前状态下，面向自己眼睛方向为正，顺着眼光方向为负）。

(6) 执行空心拉伸命令，绘制要拉伸的形状，如图 5-10 所示，拉伸起点为 0，拉伸终点为－28，然后点击绿色的对号。

(7) 在左立面绘制空心拉伸，平面形状为梯形，拉伸起点为 0 到 10 的数据，拉伸终点不小于 70，三维下的结果如图 5-11 所示。（请你思考为什么取这样的数据）

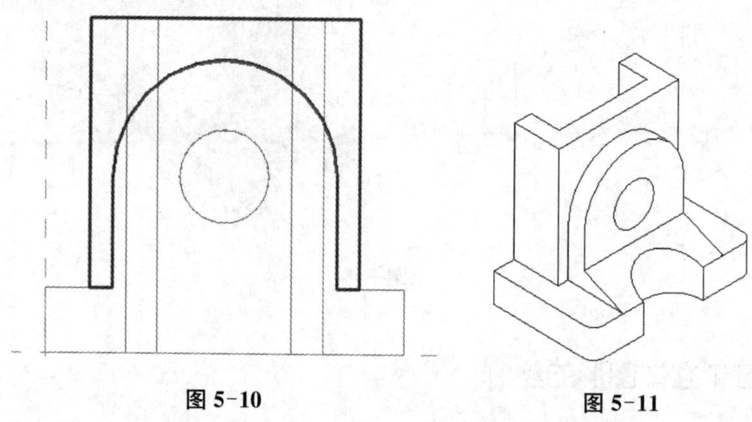

图 5-10　　图 5-11

第三、四两个图形的绘制方法与前两个类似，留给读者自己练习。

第二节　族 1——双开门

一、任务目标

创建双开木门，含门框架、门嵌板、玻璃、门把手（直径 30 mm），其具体尺寸见本节后续图形中的尺寸。

二、操作过程

1. 在应用程序中选择“新建”→“族”命令，在打开的窗口中，点击向上一级，选择“Revit2019\Chinese”文件夹下的“公制门”后打开，出现如图 5-12 所示绘图界面。

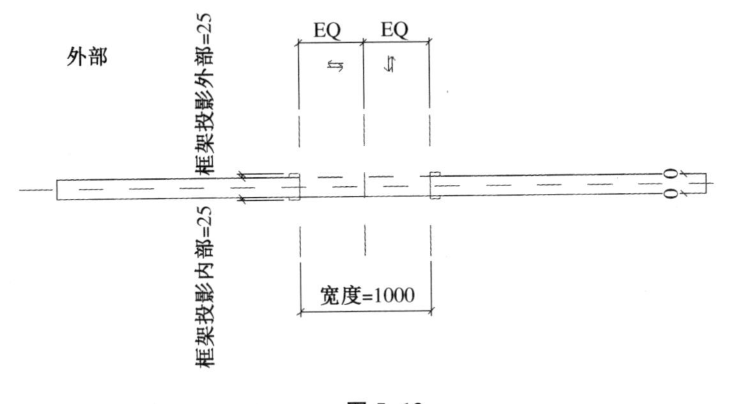

图 5-12

2. 双击修改图 5-12 中的“宽度＝1000”，修改其数据为“1800”。

3. 点击“项目浏览器”窗口中的“立面”下的“右”，打开右视图，点击如图 5-13 所示的“参照平面”，在出现的标注中，将其修改为 2100，如图 5-14 所示。

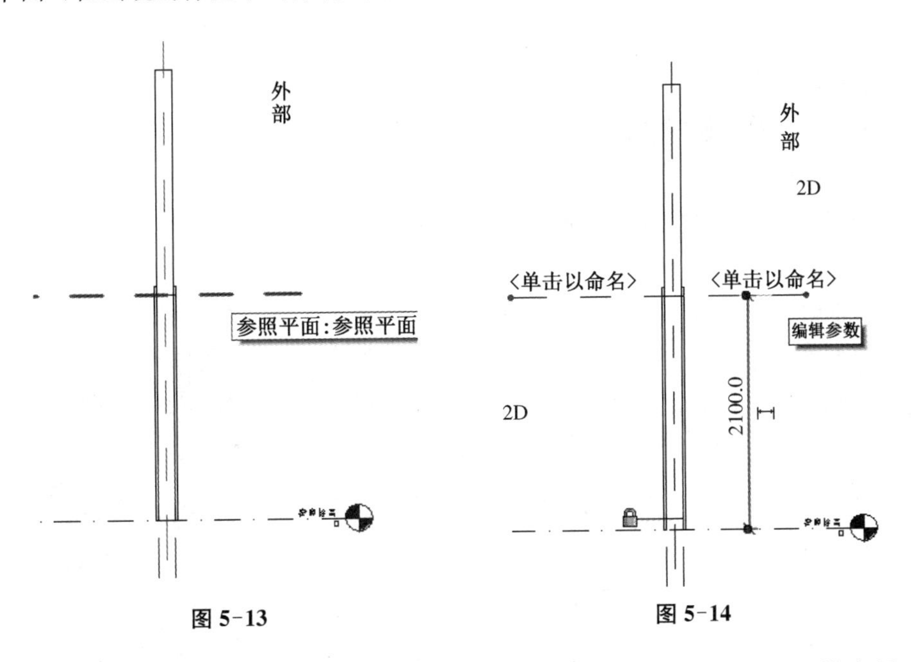

图 5-13　　图 5-14

4. 点击“项目浏览器”窗口中的“楼层平面”中的“参照标高”平面，然后单击最上面选项卡组中的“注释”选择卡和“符号线”图标按钮，在新打开的“修改|放置符号线”选项卡中，点击“子类别”中的“门[投影]”，接着在绘图区中绘制修改图形，结果如图 5-15 所示。

5. 点击“项目浏览器”窗口中的“立面”中的“外部”平面，在绘图区中，选中墙体，修改属性中的“底层偏移”为“0”。

6. 点击绘图区中图形标注中的“高度＝2000”，将其数据改为“2100”。

7. 点击修改其外部立面的图形，结果如图 5-16 所示。

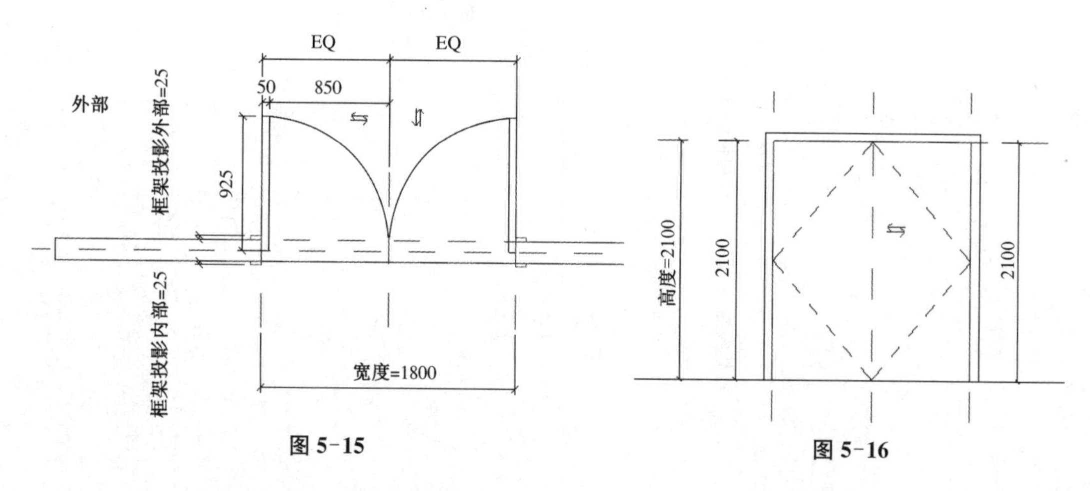

图 5-15

图 5-16

8. 选择右边的标注“2100”，按鼠标右键，执行“编辑尺寸界线”命令，点取门框右侧两虚线交汇点处，使其标注内容变成两个“EQ”。

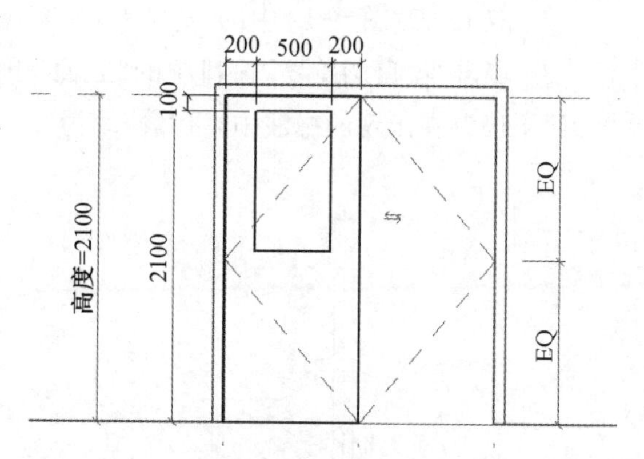

图 5-17

9. 执行“创建”选项卡中的拉伸命令，绘制门上的拉伸板，外形数据如图 5-17 所示，拉伸起点为 0，终点为 40。

10. 同样，绘制玻璃拉伸，拉伸起点为 10，终点为 20。

11. 分别赋予门板和玻璃以材质，注意调整其中的数据尺寸。

12. 镜像产生另一半门。

13. 载入族，打开“China”→“建筑”→“门”→“门构件”→“拉手”→“立式长拉手 3”。

14. 在“参照标高”平面中插入刚才载入的族并调整平面中的位置，在“外部”视图中调整其高度位置。

15. 在三维中观察其效果，结果如图 5-18 所示，并保存图形。

图 5-18

第三节　族 2——铝合金双扇推拉窗

一、任务目标

创建铝合金双扇推拉窗，整个窗户外观宽高尺寸为 1200 mm×1500 mm，窗外框为 80 mm×80 mm 矩形，每个窗扇宽高为 520 mm×1340 mm，窗扇边框为 35 mm×35 mm 矩形，玻璃厚度为 10 mm，窗台高 900 mm，放置的墙体厚度为 150 mm。

二、操作过程

1. 在应用程序中选择“新建”→“族”命令，在打开的窗口中，点击向上一级，选择“Revit2019\Chinese”文件夹下的“公制窗”后打开，修改图中的宽度为 1200，结果如图 5-19 所示。

2. 点击图 5-19 中的墙体，在“属性”窗口中，点击“编辑类型”按钮，修改其参数中的“结构”，将结构厚度改为 150 mm。

3. 点击“项目浏览器”窗口→“立面”→“内部”，切换到内部视图，修改窗台高为 900 mm。

4. 绘制窗户的整个外框的框架：

A. 在“内部”立面图时，点击“创建”选项卡中的“放样”，然后在“修改|放样”选项卡中，点击“绘制路径”，沿外框绘制，绘制路径结束后，点击绿色的“对号”按钮图标。

B. 在“修改|放样”选项卡中，点击“编辑轮廓”命令，在随后出现的对话框中，选择“立面:右”视图，进入立面中的“右”视图后，绘制将要放样的截面，数据为 80 mm×80 mm(如图 5-20 所示)，绘制结束后点击绿色的“对号”按钮图标，返回到“修改|放样”选项卡后，再点击绿色的“对号”按钮图标。

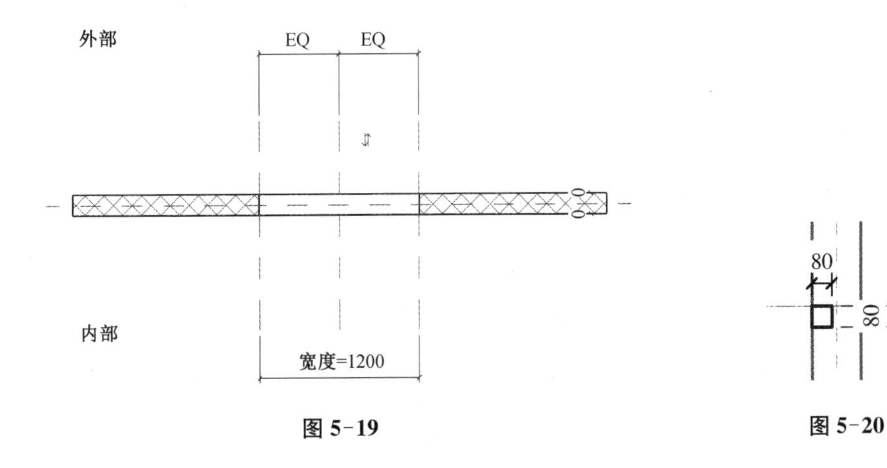

图 5-19

图 5-20

C. 在“右”立面视图中，将刚才放样的窗户外框正中与墙体的正中对齐（或移动后放置在墙体正中）。

D. 修改窗户外框的材质，并赋予“铝合金”材质。

5. 返回到立面的“内部”视图，用放样方法绘制每扇窗的框架，边框的尺寸为 35 mm×35 mm，绘制结束后，将其在右立面图中移到墙体的中心处，且一侧与墙体中心线对齐。

6. 使用拉伸的方法绘制中间的玻璃，厚度为 10 mm，并赋予玻璃材质，注意在右立面视图中通过修改不同的起始和终点位置达到在单扇窗的居中位置。

7. 然后镜像产生另一扇窗户，且放置在墙体中心线的另一侧，此时也需要修改玻璃的拉伸起点和拉伸终点数据。

8. 保存创建的双开推拉窗族文件图形。

第四节　族 3——百叶窗 1

一、任务目标

创建百叶窗，具体尺寸见图 5-21。

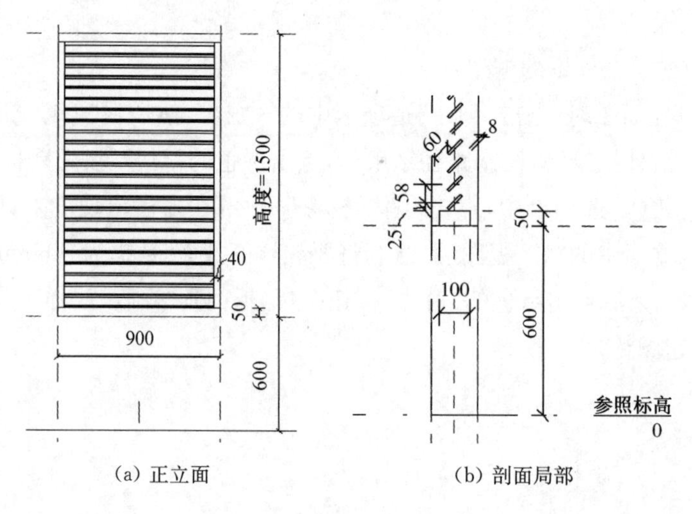

(a) 正立面　　(b) 剖面局部

图 5-21

二、操作过程

1. 在应用程序中选择“新建”→“族”命令，在打开的窗口中，点击向上一级，选择“Revit2019\Chinese”文件夹下的“公制窗”后打开，修改图中的宽度为 900，结果如图 5-22 所示。

2. 点击图 5-22 中的墙体，在“属性”窗口中，点击“编辑类型”按钮，在打开的对话框中

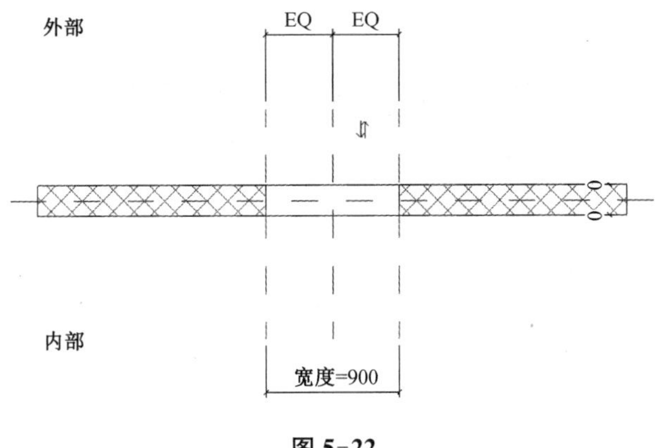

图 5-22

复制生成新的类型，名称自定义，修改其参数中的“结构”，将结构厚度改为 150 mm。

3. 点击“项目浏览器”窗口→“立面”→“内部”，切换到内部视图，修改窗台高为 600 mm，窗高为 1100 mm。

4. 绘制窗户的整个外框的框架：

(1) 在“右”立面图时，点击“创建”选项卡中的“拉伸”，然后在“修改|创建拉伸”选项卡中创建 100 mm×50 mm 的矩形，修改终点数据为 900，点击绿色的对号按钮图标。

(2) 将创建的百叶窗下边框通过镜像产生上边框。

(3) 在“参照标高”平面视图中，采用拉伸命令，创建百叶窗的左边框，截面矩形尺寸数据为 100 mm×40 mm，长度为 1100 mm。绘制结束后，两样镜像产生右边的边框。

(4) 修改窗户外框的材质，并赋予“木纹”材质。

5. 返回到立面的“右”视图，绘制图 5-21 中的剖面图中的单个百叶：

(1) 使用拉伸命令，在 45 度斜线时，绘制矩形 60 mm×8 mm，并作辅助线，使其移动到目标位置，然后修改“拉伸起点”数据为“40”，“拉伸终点”数据为“860”，再点击绿色对号完成拉伸，结果如图 5-23 所示。

(2) 对完成的单个百叶赋予“木纹”材质。

(3) 将单个百叶向上阵列，间距为 58 mm，阵列数目为 24 个。

(4) 用户可以点击阵列后完成的单个百叶，可见在单个百叶的左边有一个数据，用户可自己尝试修改其他数据，再观看相应的图形结果。

6. 在三维中观察绘制的图形，最后保存创建的百叶窗族文件图形。

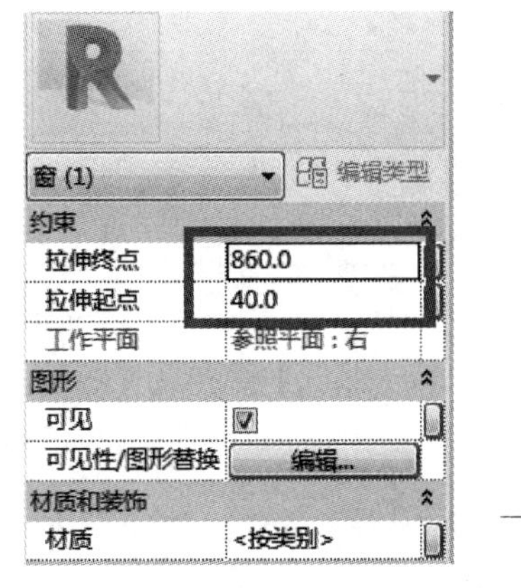

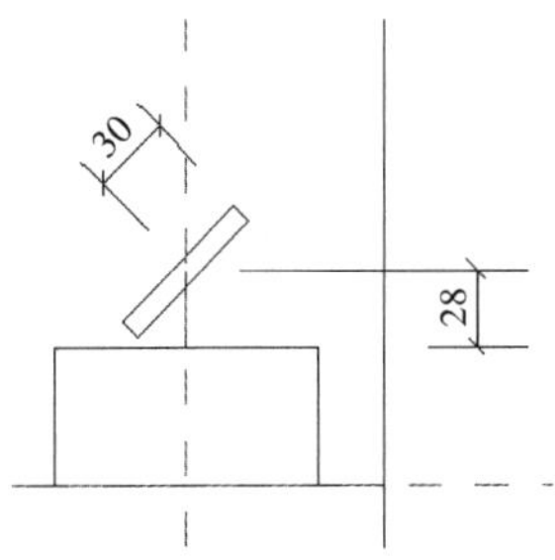

图 5-23

第五节　族嵌套 1——百叶窗 2

一、任务目标

要求在输入不同的参数时，控制百叶窗的相关参数。

百叶的控制参数有长度、宽度、厚度、安装角度。

百叶窗的控制参数有长度、宽度、厚度、安装的上下界限和左右界限。

绘制目标如图 5-21 所示。

二、操作过程

(一) 先建立单个百叶族(即先建立被包含的族)

1. 打开公制常规模型，在打开的绘图区中，绘制参照平面，如图 5-24 所示，两个参照平面用于百叶窗长度上两边对称等效延长。

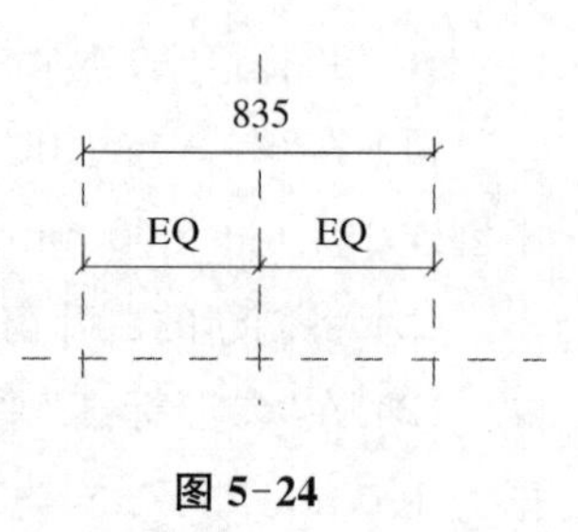

图 5-24

2. 选择上面标注数据的尺寸，在“修改|尺寸标注”选项卡中，点击“标签尺寸标”选项中的“创建参数”按钮，出现“参数属性”对话框，在此对话框中“参数数据”组中的“名称”框中，输入“百叶长”，确保是“类型”参数被选中，其余不变，点击“确定”(此处用于控制百叶窗的长度参数)。

3. 进入能控制百叶窗的宽度和厚度的立面，如进入右立面，绘制单个窗百叶：

(1) 单个百叶能调整角度，故要使用“参照线”，而不采用“参照面”，在右立面中绘制一参照线，如图 5-25 所示，此处要求角度和长度均为任意。

(2) 在三维视图中选中此参照线，观察其特征，如图 5-26 所示，可见参照线由四个参照平面拼装后(限制与交叉后)产生的参照线(其多个面可用于参照时选择)。

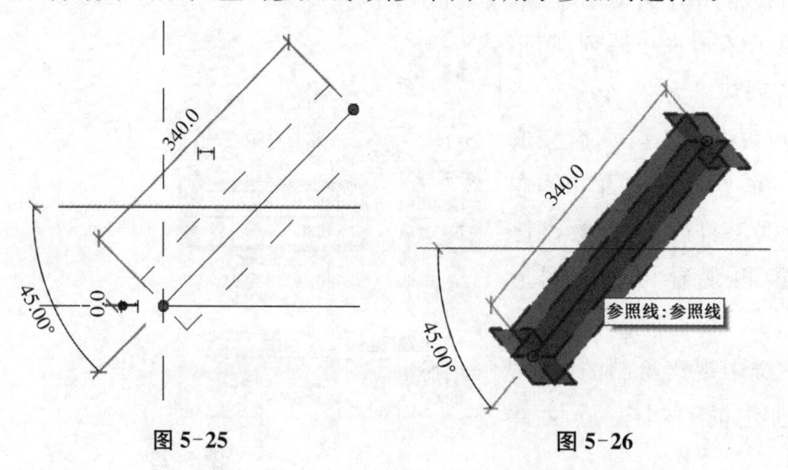

图 5-25　　图 5-26

(3) 返回右立面，添加参照线的角度标注，然后点选此角度标注，类似前面，在“修改|尺寸标注”选项卡中，点击“创建参数”按钮，出现“参数属性”对话框，在此对话框中“参数数据”组中的“名称”框中，输入“百叶角度”，确保是“类型”参数被选中，其余不变，点击“确定”(此处用于控制百叶窗的角度参数)。

(4) 执行“创建”选项卡中的“拉伸”命令，在出现的“修改|创建拉伸”选项卡中，执行“工作平面”中的“设置”按钮，在出现的对话框中，选择“拾取一个平面”，点取刚才创建的线。

(5) 绘制单个百叶的截面形状，且要求作辅助线，使其两侧线段关于刚才建立的参照线对称，图形的中点在参照标高平面的原点处(作辅助线后移动至此)。

(6) 标注尺寸，且制作两个参数名称，分别为“单个百叶厚”和“单个百叶宽”，结果如图5-27所示。

(7) 点击“修改|拉伸”选项卡中的“族类型”按钮，在出现的对话框(如图5-28所示)中尝试修改“百叶角度”“单个百叶厚”“单个百叶宽”这几个参数的数据变化，并点击“应用”按钮后，观察绘图区中图形的变化。

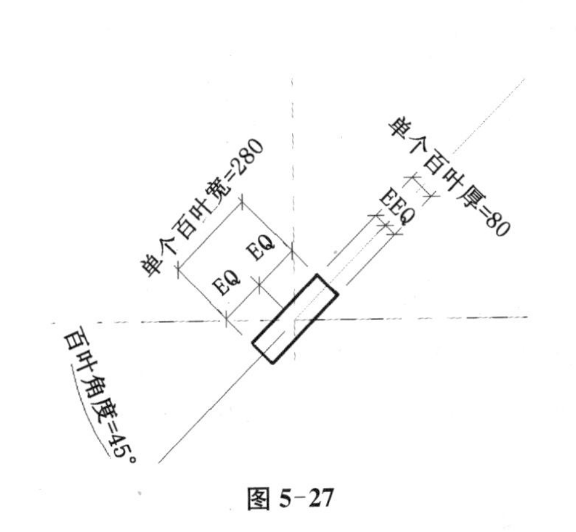

图 5-27

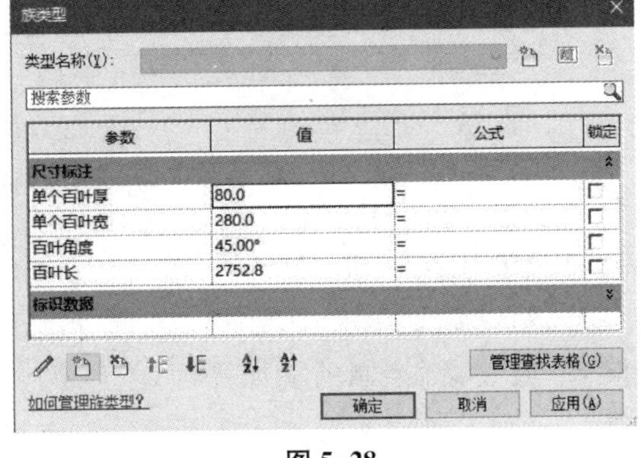

图 5-28

(8) 点击图5-28中最下边的“新建参数”图标按钮，添加入单个百叶的“材质”参数名称，并将“参数类型”改为“材质”，然后点击“确定”按钮。

(9) 返回到“参照标高”平面，使用造型操纵柄调整单个百叶的长度，拉伸至两端的参照平面处，并都锁定(另一个此图中没在显示上锁状态)，如图5-29所示。

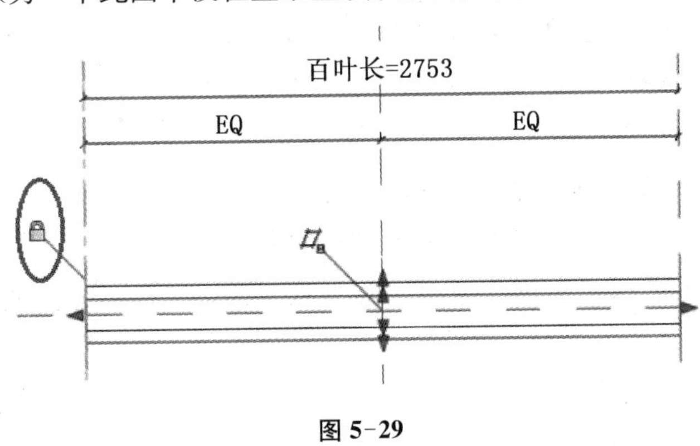

图 5-29

(10) 在三维状态下尝试修改该族的各个不同的参数,来观察创建完成的单个百叶族。

(11) 保存文件为“单个百叶族”。

(二) 再建立百叶窗族(此处调用前面创建的单个窗百叶)

1. 新建族,选择“公制窗”族模板。

2. 在三维下观察此时的窗户,它只有一个空的窗户的位置。

3. 绘制参照平面,确定族中窗框宽及窗框的外边距:

(1) 如图 5-30 所示,在墙内绘制一个参照平面且与外墙边界间距为 50,在标注此参照平面与外墙边界参照平面(鼠标移至此位置后按 Tab 键选中它)间距后,点选此标注数据,在出现的“修改|尺寸标注”选项卡中,点击“创建参数”图标,在出现的对话框中输入参数名称为“窗框外边距”,类型为“长度”。

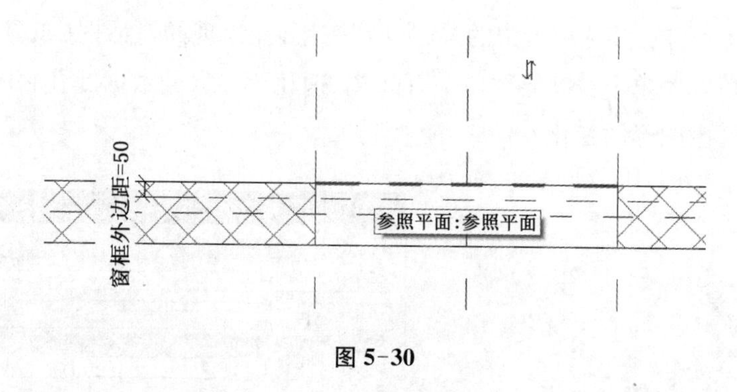

图 5-30

(2) 点选绘图区中的“窗框外边距=50”,在出现锁形后,将其锁定。

(3) 执行“创建”选项卡中的“设置”命令,在出现的“工作平面”对话框中,选择“拾取一个平面”,点取刚才绘制的参照平面,然后在出现的“转到视图”对话框中,转到“立面:外部”。

(4) 执行“创建”选项卡中的“放样”命令,然后在出现的选项卡“修改|放样”中,执行“绘制路径”命令,在窗户位置绘制矩形,并将它们锁定(目的是:窗户宽高参数发生改变时,图形大小随着边界一起变化),如图 5-31 所示,然后点击绿色的对号图标按钮。

(5) 执行“修改|放样”选项卡中的“编辑轮廓”命令,在出现的对话框中,选择“立面:左”视图,绘制矩形,如图 5-32 所示,然后执行对号两次。

(6) 赋予百叶窗边框材质,材质为“木纹”。

4. 参照标高平面图中,在百叶窗框的正中间绘制一个参照平面(如图 5-33 所示),用于锁定后面要插入进行的单个百叶族。

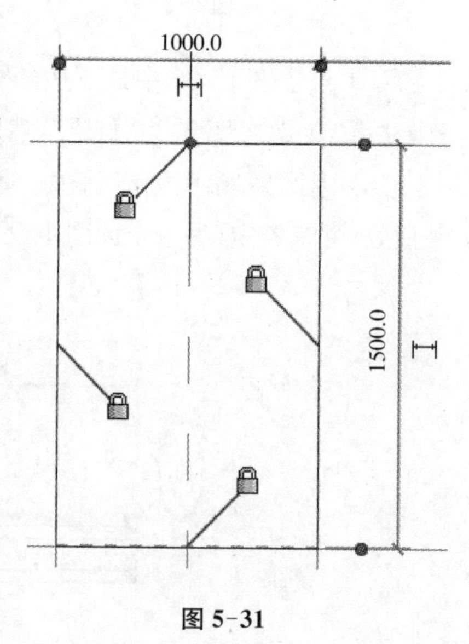

图 5-31

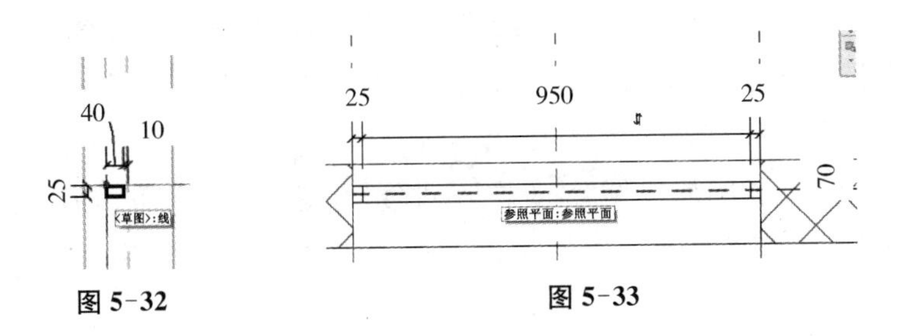

图 5-32　　　　图 5-33

5. 参照标高平面图中，在“插入”选项卡中，点击“载入族”图标按钮，载入刚才创建的“单个百叶族”，从项目浏览器窗口中找到此族（如图 5-34 所示），并用鼠标左键插入绘图区中，移动到图 5-33 中的中间两个参照平面交点时，会出现锁定标志，点击锁定。

6. 选择单百叶族实例，点击“属性”窗口中“编辑类型”按钮，调整单个百叶族的数据，数据如图 5-35 所示。

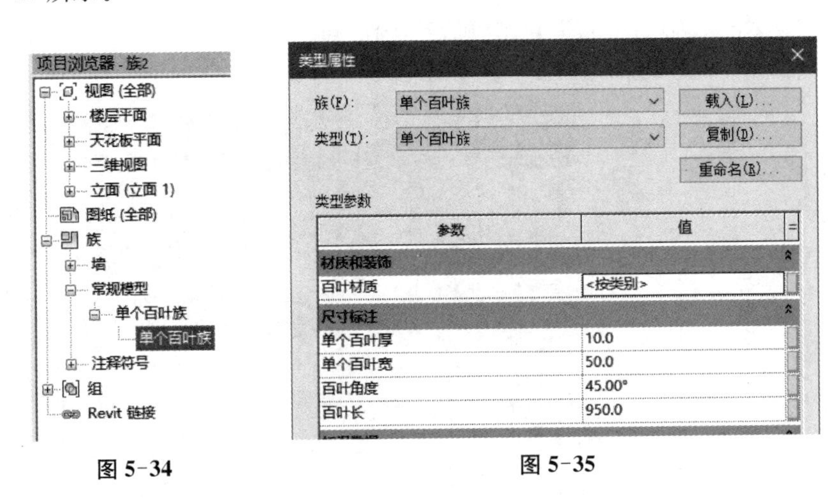

图 5-34　　　　图 5-35

7. 选中单个百叶族实例，修改“属性”窗口中的“偏移量”为窗台高+50，此处若窗台高为 800，则偏移量为 850。

8. 在三维下观察此时的百叶窗，可见此时单个百叶族无材质。

9. 此时可重新进入原来的单个百叶族中，修改其材质后保存且关闭。

10. 在百叶窗族中，在“项目浏览器”窗口中，选择“单个百叶族”，按鼠标右键，选择“重新加载”，此时在三维下，要观察到刚才的单个百叶族的实例已具有材质。

11. 进入“右”立面，进行百叶个数的控制：

(1) 在窗体高度内，向内距上下边界各绘制一个参照平面，距原来的窗框上下参照平面各 50，如图 5-36 所示。

(2) 对这两个参照平面进行尺寸标注，如图 5-36 所示。

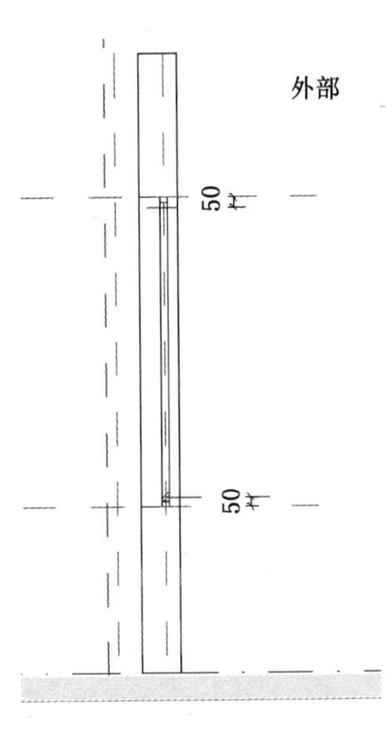

图 5-36

(3) 先点选一个刚才的尺寸标注，再按住 Ctrl 键，点选另一个尺寸标注，然后在“修改|尺寸标注”选项卡中，点击“标签”处的新建图标按钮，出现“参数属性”对话框，设置其“名称”为“百叶间距”，然后点击“确定”。

(4) 点击选中单个百叶族实例后，点击阵列命令，使用直线阵列方式，并在“成组并关联”选中状态下，设置阵列数为“18”，在“最后一个”为选中状态下，分别点选刚才绘制的两个参照平面，完成阵列。

(5) 在三维状态下观察。

(6) 在右视图下，将图形视口适当缩小，如图 5-37 所示，此时可修改其阵列的个数，如将 18 改为 10。

(7) 如图 5-38 所示，用鼠标点击左侧的阵列，此时会现“修改|阵列”选项卡，在此选项卡中的最下面一行有一个“标签”，点击其下拉选项，选中“添加参数”，在出现的“参数属性”对话框中，将“名称”设为“百叶数”，点击“确定”按钮。

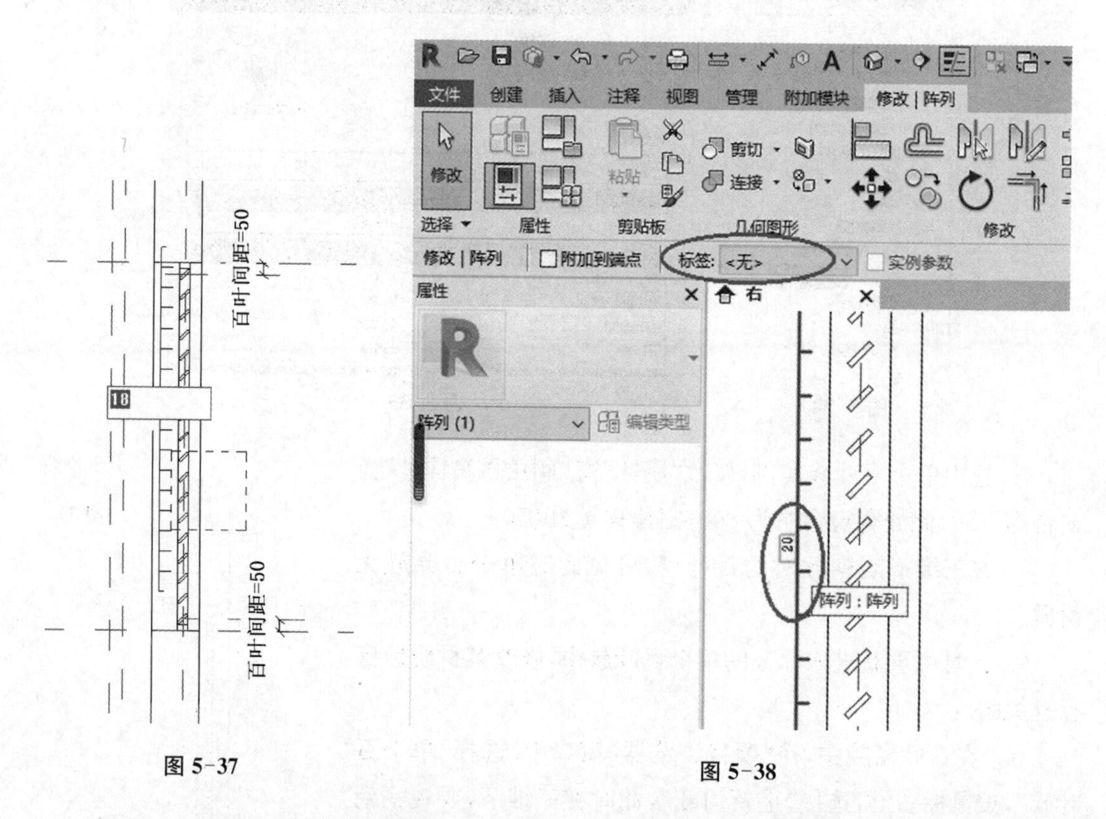

图 5-37

图 5-38

(8) 点击“修改”选项卡中的“族类型”，将其中的参数运用公式进行修改，如图 5-39 所示(此处的符号为英文输入状态下的符号)。

(9) 此时观察到阵列数据自动调整为“28”。

(10) 再次调整“族类型”中的“百叶间距”，点击“确定”后观察图中百叶个数的变化。

(11) 同样，可设置百叶窗族中的百叶长：点击族类型对话框下面的“添加参数”图标，添

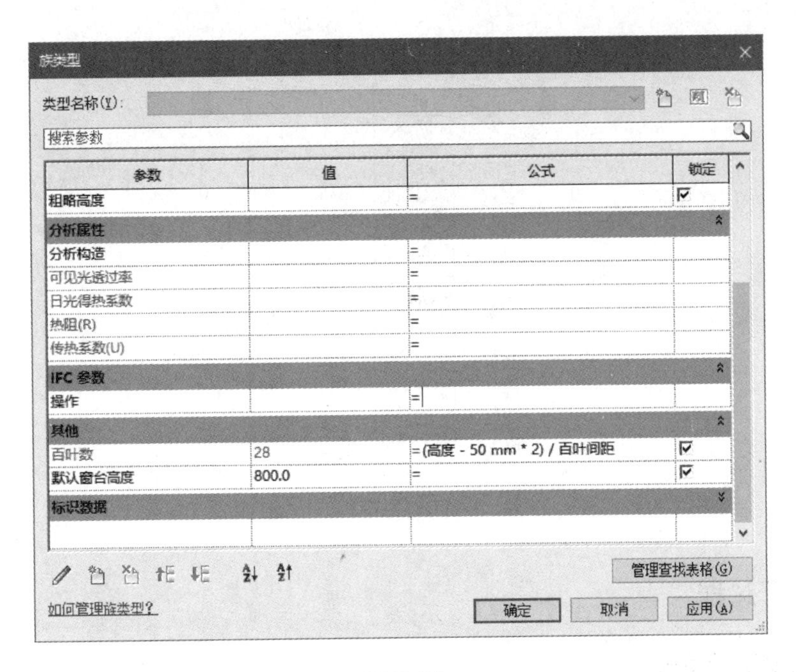

图 5-39

加“百叶长”,然后设置“百叶长”的公式为“＝宽度－25 mm＊2”。

12. 关联单个百叶族中的角度参数:

(1) 在“项目浏览器”窗口中,选中“单个百叶族”,点击鼠标右键,在出现的浮动菜单中,选中“类型属性”,出现“类型属性”对话框。

(2) 点击“百叶角度”最右侧的灰色按钮,出现“关联族参数”对话框,点击其最下面的“新建参数”图标按钮。

(3) 在出现的“参数属性”对话框中,输入“百叶角度 2”后,点击三次“确定”按钮。

(4) 此时百叶的角度可在百叶族中进行控制。

13. 保存创建的百叶窗族。

第六节　族嵌套 2——地下停车库柱子

一、任务目标

要求绘制如图 5-40 所示的柱子,要求反光条最下面的网格图形为天蓝色均匀无图案,上面的两个网格图形为红色均匀无图案,柱子边角处为黄色与白色相间的反光条,文字为白色,柱子为灰白偏白色,柱子的宽度、深度、高度尺寸大小能根据实际加载后的项目尺寸变化,但不小于 500 mm×500 mm×2700 mm。

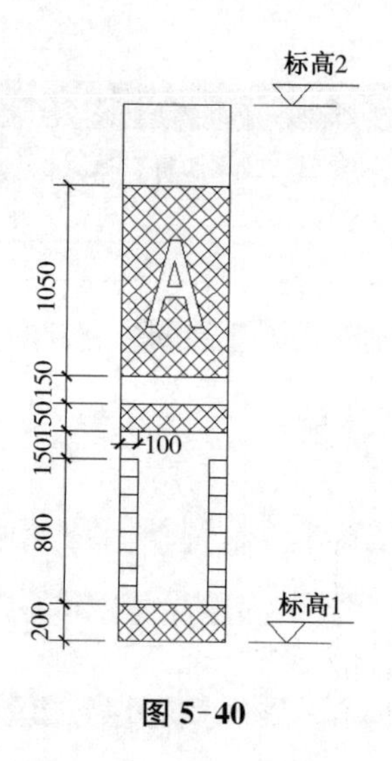

图 5-40

二、操作过程

(一) 绘制反光条族

1. 新建族,使用“公制常规模型”。

2. 在“创建”选项卡中,使用“参照平面”命令,绘制几个参照平面,并进行尺寸标注,且设置相等间隔。

3. 标注最外侧参照平面间的尺寸,然后选择该尺寸标注,在出现的“修改|尺寸标注”选项卡中,点击“标签尺寸标注”选项中的“创建参数”命令,在出现的对话框中,输入相应的名称,其余不改变,结果如图 5-41 所示。

4. 使用“创建”选项卡中的“拉伸”命令,绘制直线,注意参照平面上的直线与参照平面间的“锁定”关系,如图 5-42 所示(**注意,此处不是禁止修改时的锁定关系**。

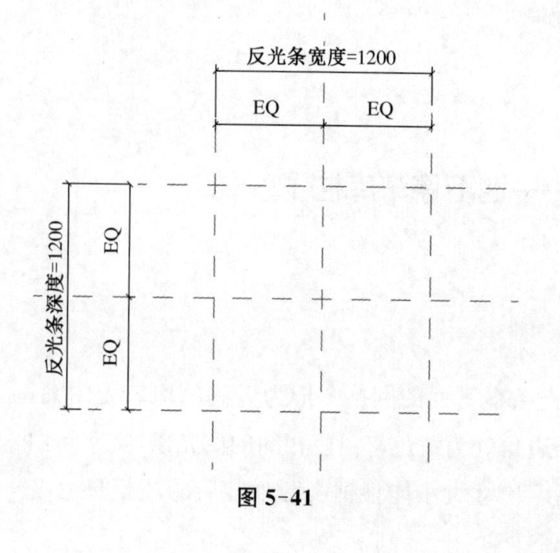

图 5-41

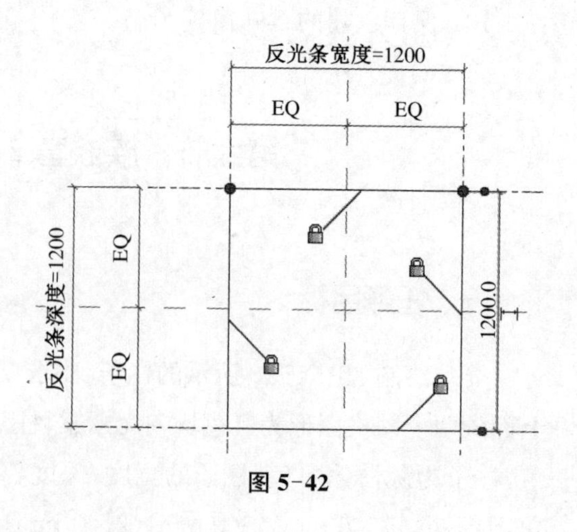

图 5-42

5. 在此矩形外，绘制另一向外偏移 5 mm 的矩形。

6. 使用此时“修改”选项中的“拆分图元”图标命令，分别点取刚才绘制的 8 条线段的中间位置附近。

7. 绘制如图 5-43 所示的四个角，并设置“拉伸终点”数据为 100。

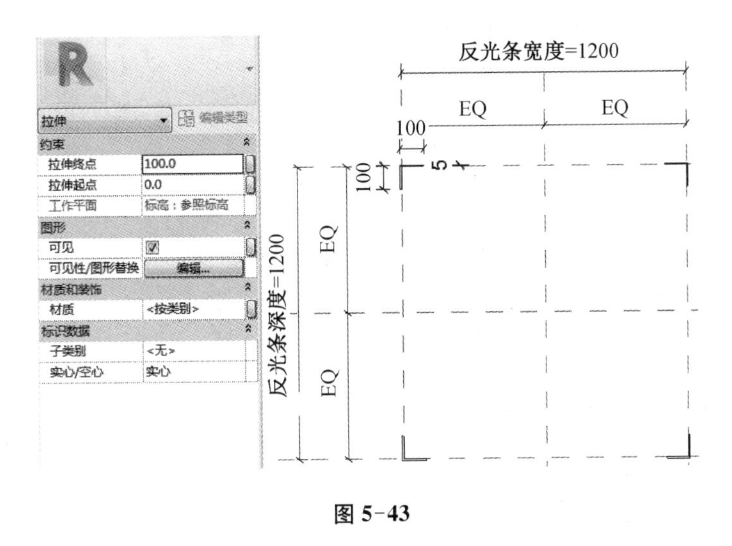

图 5-43

8. 执行“创建”选项卡中的“族类型”命令，在出现的“族类型”对话框中，点击“新建参数”图标，再在出现的“参数属性”对话框中，设置“名称”为“反光条材质”，参数类型为“材质”，如图 5-44 所示，然后点击两次“确定”按钮。

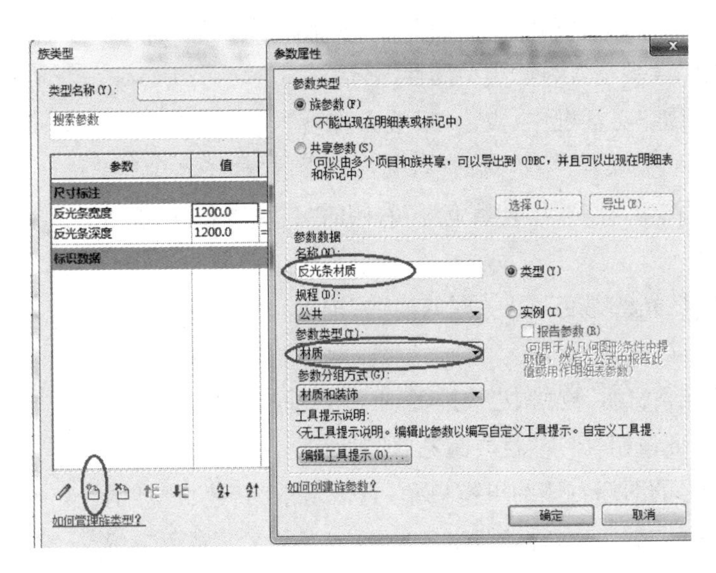

图 5-44

9. 点取刚才拉伸的反光条，再点击“属性”对话框中“材质”右边的长方形按钮，会出现“关联族参数”对话框，选择刚才创建的“反光条材质”参数，如图 5-45 所示，然后点击“确定”

按钮，实现材质的关联。

10. 保存创建的族，命名为“反光条族”。

（二）绘制柱子族

1. 新建族，使用“公制常规模型”。

2. 创建参照平面及柱子的宽度与深度两个参数，结果如图 5-46 所示。

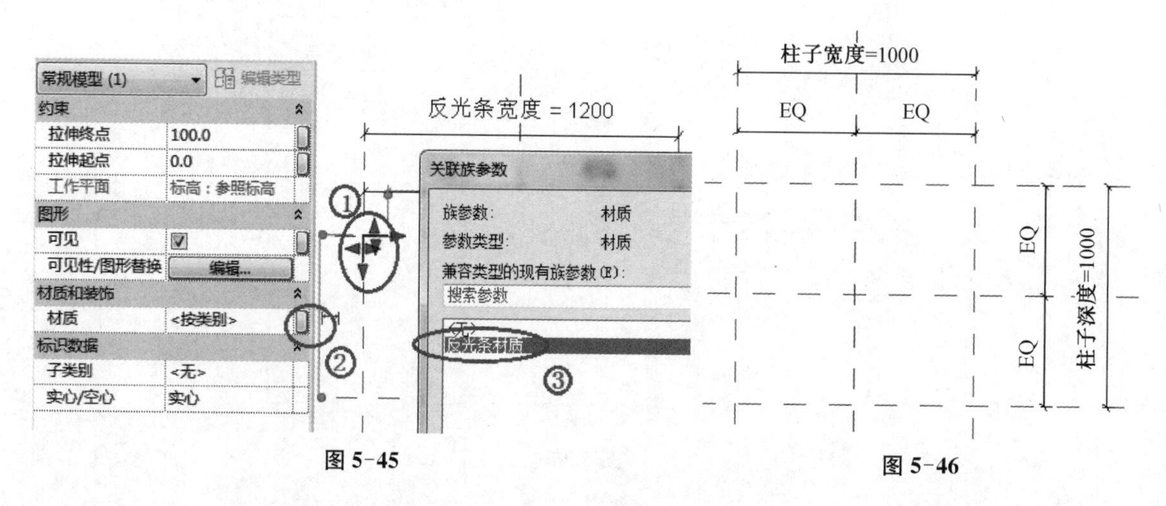

图 5-45　　图 5-46

3. 执行“插入”选项卡中的“载入族”命令，加载前面创建的“反光条族”。

4. 打开“项目浏览器”窗口中的“族”→“常规模型”→“反光条族”，选中此项后，按鼠标右键，出现如图 5-47 所示的浮动菜单，点击其中的“类型属性”菜单项，出现“类型属性”对话框。

5. 在“类型属性”对话框中，点击“反光条宽度”项右侧的“关联族参数”按钮，打开“关联族参数”对话框，选择其中的“柱子宽度”参数后，点击“确定”按钮，此时“反光条宽度”右侧的“关联族参数”按钮上有等于号标识。

6. 同样，将“反光条深度”的“关联族参数”按钮与“柱子深度”实现关联(图 5-48)。

7. 设置“反光条材质”数据中“<按类别>”，此时出现一个三个小点的按钮，点击此按钮，出现“材质浏览器”对话框，在此对话框中，执行左下角带加号的图标右侧的下拉三角，点击出现“新建材质”的选项，在上方出现的“默认为新材质”改名为“反光条族——黄色”，然后改变此材质右边的“外观”选项卡中的“常规”→“颜色”为“黄色”，再点击两次“确定”按钮。

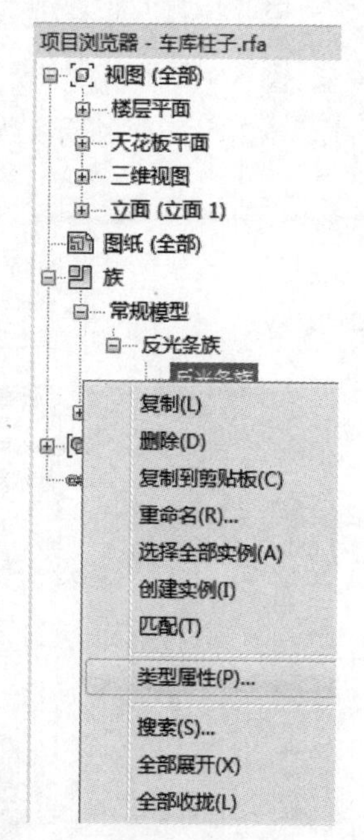

图 5-47

8. 修改图 5-47 中最下边的“反光条族”名称为“反光条族——黄色”，并在此上点击鼠标右键，执行“复制”，将新出现的“反光条族——黄色 2”改名为“反光条族——白色”，然后将此实例中的材质,像前面的步骤 4 至 7 那样,改变其材质为“反光条族——白色”,并改变颜色为“白色”。

9. 执行“创建”选项卡中的“拉伸”命令,沿参照平面外边的四个交点绘制矩形,并将四个直线段与参照平面实现“锁定”关系,如图 5-49 所示。

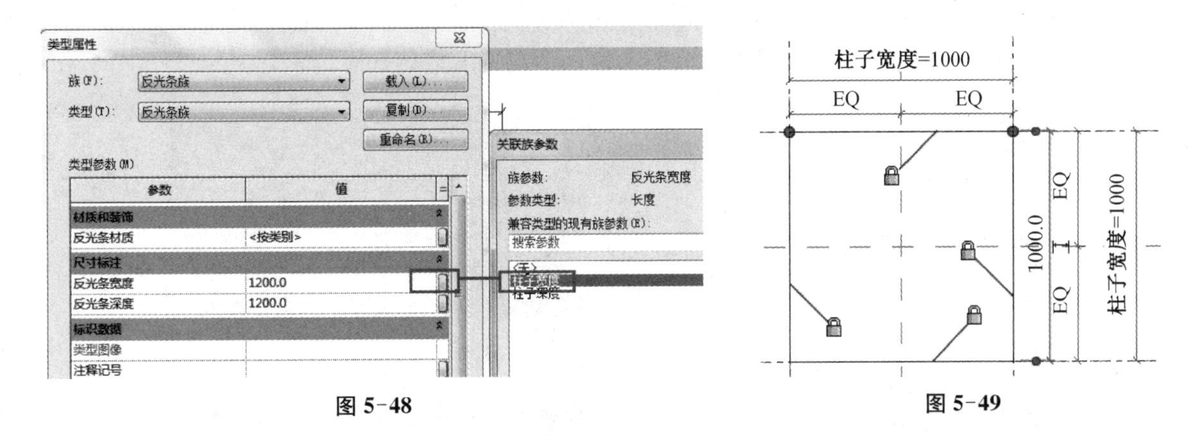

图 5-48　　　　图 5-49

10. 此时拉伸高度任意。

11. 进入立面,如“前”立面,在此图中,绘参照平面,并在参照标高与绘制的参照平面间进行标注,然后点此标注尺寸,创建参数“柱子高度”。

12. 拖动柱子上面的造型操纵柄到最上面的参照平面,并点击锁形标记锁定。

13. 设置柱子材质的颜色为灰白色,此处设置外观 RGB={235, 235, 235}。

14. 在参照标高平面状态下,拖入族中的“反光条族——白色”实例到柱子处,使其位于柱子的外框,然后调整其属性中的偏移值为 200 mm。

15. 同样,拖入族“反光条族——黄色”实例并居中,调整其属性中的偏移值为 300,观看三维效果。

16. 在立面图中,使用多个复制命令,复制产生图 5-40 中其他部分的反光条族,注意黄白相间。

17. 在参照标高平面状态下,执行“创建”选项卡→“拉伸”,利用几个参照平面形成的四个交点,分别绘制两个矩形,其中一个向外偏移 5 mm,“拉伸终点”数据为 200,然后设置其材质的颜色为天蓝色。

18. 在前立面视图下,选中刚才创建的天蓝色柱子底外围实体,使用“修改”中的“复制”命令,在原地产生另一个实体,修改其属性中的“拉伸起点”为“1150”,“拉伸终点”为“1300”,然后修改其材质颜色为红色(此处也可使用剪贴板中的复制,然后使用剪贴板中的粘贴,再修改拉伸起点和拉伸终点的数据来实现)。

19. 同样方法,复制产生另一个准备带字母的实体,拉伸起点数据为 1450,拉伸终点数据为 2500,材质颜色为红色。

20. 在参照标高平面状态下,执行“创建”选项卡→“设置”命令,在出现的对话框中,点选“拾取一个平面”，然后点击“确定”按钮，接着点取已有的**参照平面中最下边的一个**，在出现的对话框中，选择“立面：前”，再点击“确定”按钮，此时视图会自动切换到目标视图。

21. 执行“创建”选项卡→“文字模型”命令，在出现的对话框中，输入字母“A”，然后点击“确定”按钮，在如图 5-40 所示的位置点击鼠标放置 A 字母。

22. 点击刚才创建的 A 字母，按如图 5-50 所示的内容进行修改。

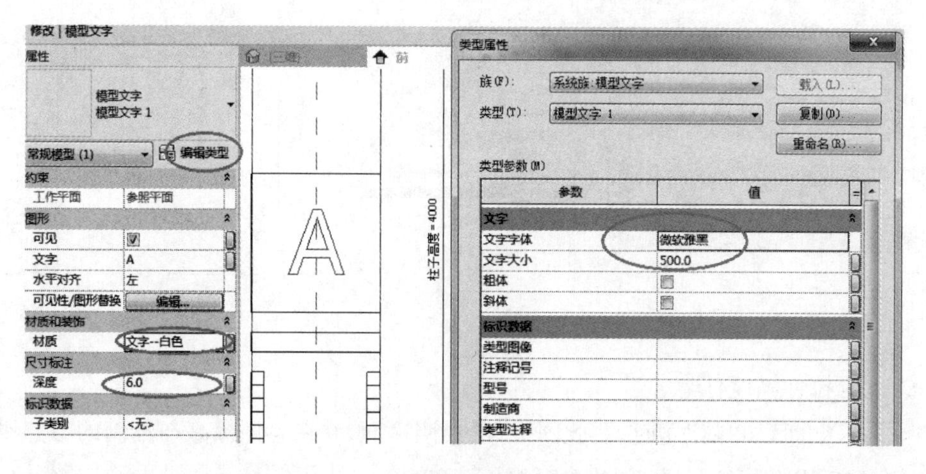

图 5-50

23. 观看三维效果，在三维状态下，设置视觉样式为“线框”模式，选中刚才做的 A 字母，使用镜像命令产生其余三个 A 字母。

24. 观看三维真实效果，保存族，命名为“车库柱子”。

第七节　族的一些概念

一、族的一些概念

1. 族是英语 family 的翻译，它们有一些共同点，也有各自的个性，由此可派生出许多不同的实体。

2. 族的参数类型主要有两类：

(1) 实例中的参数

对于项目中的个体，可通过此个体的参数进行修改，但不影响同一个族中的其他实例。

(2) 类型中的参数

对于同一个项目，可通过某一个实例的“编辑类型”进行修改，如编辑类型中的名字不作修改，则对此状态下修改的任何参数，均会直接影响到同一个族名的其他实例。

3. 族类型中的其他共性参数

(1) 单位

反映为物体的名称、文字、整数、长度、区域、面积、体积、质量、货币、材质、是/否族类型等。

(2) 分组方式

如材质、长度单位、视觉特征、色彩、结构、其他等。

二、绘制族时使用到的两个重要功能

1. 参照平面功能

用于反映基于某一平面,其他线、实体等的相对关系。

2. 参照线功能

用于反映基于某一条线的其他角度关系或平行关系。

这两个功能的作用:辅助线、定位线、工作平面。

三、参照平面的属性

1. 原点

通常在使用通用模型时,两个参照平面的交点为原点。

当自定义其他平面后,产生的交点也可以自定义为原点。

有时用户也用从 CAD 文件中导入的基于某两个相交的定位轴线的交点作为图形绘制的基准点。

原点的作用:

(1) 绘制族时的基准点;

(2) 将族插入到项目中或其他族中(族嵌套)时,是插入时光标的基准点。

2. 参照

参照在 Revit 中分为:

(1) 非参照——无法捕捉和标注尺寸;

(2) 强参照——捕捉和标注优先级最高,也是临时尺寸的捕捉点;

(3) 弱参照——相对强参照要低一点,用 Tab 键可实现捕捉;

(4) 方位上的前、后、左、右、顶、底,以及前后中心、左右中心、标高中心——作用与强参照类似,同样也表示族的空间或某些最外侧边界,主要用于创建结构框架时识别与偏移。

四、族规划考虑的主要内容

1. 族是否需要容纳多个尺寸?

(1) 如果要创建的族,其可以任意长度进行修改,则应创建一个标准构件族;

(2) 如果只是一次性使用的族,则最好是创建成一个内建族,而不可用于再次修改后再创建成其他的族，即不是可载入族。

(3) 对象尺寸的可变性和复杂程度，决定了是创建可载入族还是创建内建族。

2. 如何在不同视图中显示族?

对象在视图中的可显示方式，确定了需要创建的三维和二维几何图形，还确定了如何定义可见性设置，即需要确定要创建的对象显示在平面、立面或剖面不同的视图环境中。

3. 该族是否需要主体?

对于通常以其他构件为主体的对象(例如门、窗、照明设备)，开始创建时请使用基于主体的样板。

如何设置族的主体(或者说，族附着于什么主体或不附着于什么主体)确定了应用于族的样板文件(即要选择体积类型的族样板文件)。

4. 建模的详细程度如何?

建模的详细程度也决定了要创建的族的详细程度。

5. 族的原点

确定适当的原点，有利于在项目中放置族的实例。

五、Revit 构造族常规流程

Revit 构造族的基本创建步骤：

1. 规划族——开始之前，先规划。

2. 选择族样板. rfa。

3. 创建子类别——定义子类别，可帮助控制族几何图形的可见性。

4. 创建族的构架或框架——包括基本内容有定义族原点、设置参照平面、尺寸标注与添加参数。

5. 设定族类型——通过指定不同的参数，来定义族类型的变化。

6. 创建图形约束并测试——实心或者空心中添加尺寸标注，并将该几何图形约束到参照平面。

7. 可见性详细程度——使用子类别和实体可见性设置指定二维和三维几何图形的显示特征。

8. 项目中测试——保存并载入到项目中进行测试。

六、族中公式的应用

族中在运用公式时，通常先写"＝"号，然后再按函数，或使用基本的四则运算规则进行书写。

常用的运算符号及运算函数有：

(1) 加"＋"、减"－"、乘"*"、除"/"。

(2) 指数"^"，如 x^y，表示 x 的 y 次方。

(3) 对数“log()”。

(4) 平方根“sqrt()”。

(5) 三角函数,如 sin()、cos()、tan()、asin()、acos()、atan()。

(6) e 的 x 方“exp()”。

(7) 绝对值“abs()”。

(8) 条件语句结构:if(＜条件＞,＜条件为真时的结果＞,＜条件为假时的结果＞)

如:if(or(a＞b，a＝b)，x1，x2)

if(not(a＜b)，x1，x2)

If(a * b＞1，x1，x2)

项目六

综合练习

第一节　轴网建立时“影响范围”的处理

一、图形目标及要求

某建筑共5层，首层标高为±0.000 m，首层层高为4.5 m，第二、三层层高为4 m，三层以上层高均为3.6 m。一层至二层轴网如图6-1所示，三至五层轴网如图6-2所示。

要求：(1) 按要求创建标高，并为每个标高创建对应楼层平面视图。

(2) 标高名称改为以下格式：1F、2F、…、5F、屋顶。

(3) 平面轴网的两侧轴号均显示，且要求将轴网颜色设置为红色，并对每层轴网进行尺寸标注。

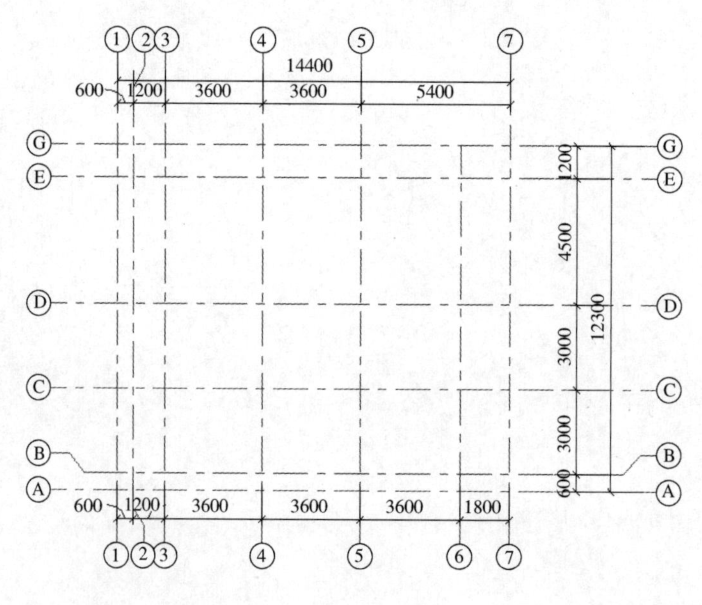

图 6-1

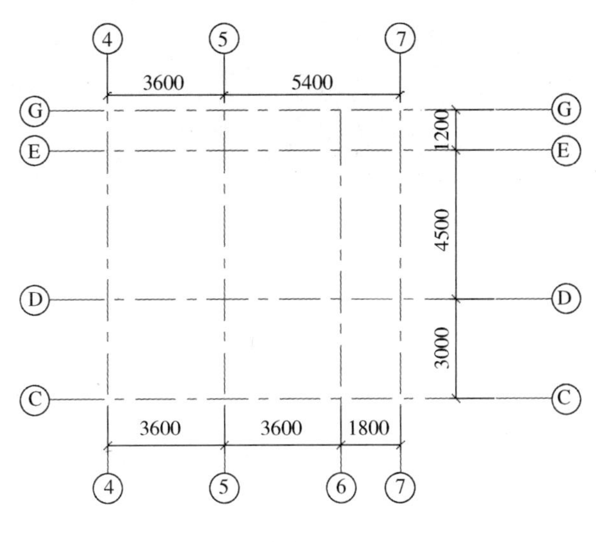

图 6-2

二、轴网绘制过程

观察比较图 6-1 和图 6-2，我们可以发现，并不是所有楼层的轴网都是一样的，其中轴线 1、2、3、A、B 这五个在三至五层不显示，另外，在三至五层中，显示的轴网长度比原来的缩短了，两个图的标注内容也不一样。

我们首先要了解轴线的性质，在默认情况下，我们绘制的轴线是一个三维图元，按照通常的绘图顺序，首先绘制标高，再绘制轴网，然后在立面观察时，会发现它能贯穿所有的标高。但当我们拖动一指定轴线至某一标高之下时，在该标高之上的部分平面视图里不再显示该轴线。另外轴线还有 2D 性质，我们之前没有使用过它们。

操作过程如下：

1. 新建“建筑样板”下的项目，在“立面”中任一个立面视图状态下绘制标高。

2. 执行“视图”选项卡→“平面视图”→“楼层平面”，在打开的对话框中，选择全部的标高。

3. 在 1F 楼层平面中，绘制轴网，要求轴线为红色，且轴线两端标号显示：

(1) 在轴网的“属性”窗口中，选择“6.5 mm 编号”，再点击“编辑类型”，在出现的“类型属性”对话框中，修改颜色为红色，选中“平面视图轴号端点 1(默认)”和“平面视图轴号端点 2(默认)”。

(2) 按图 6-1 所示绘制轴线，并进行尺寸标注。

4. 切换到“南”或“北”立面视图中，改变轴线 1、2、3 的长度，如图 6-3 所示；类似，切换到“东”或“西”立面视图中，改变轴线 A、B 的长度。

5. 选中 1F 平面视图中的所有标注，然后点击“复制到剪贴板”图标，再点击左边“粘贴”的下拉三角，在其中点击“与选定的视图对齐”，在弹出的对话框中，选择“楼层平面:2F”。

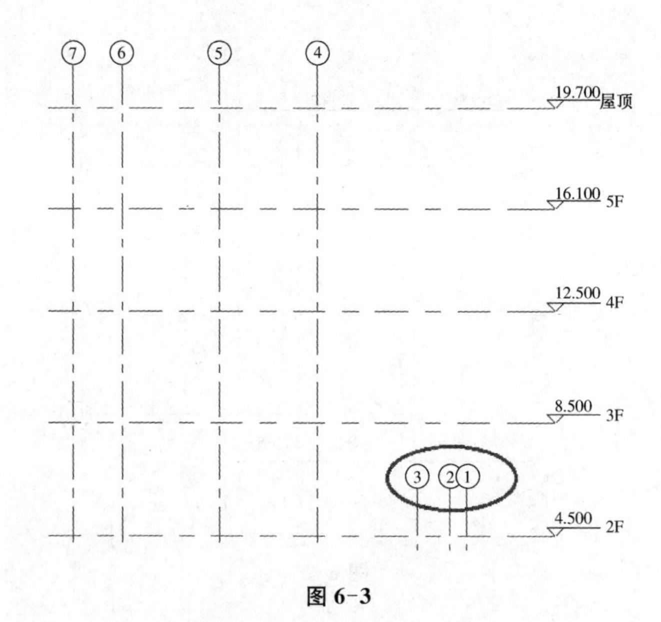

图 6-3

6. 进入 3F 楼层平面视图,点选任一个需要缩短的轴线,如图 6-4 所示,点击其中的“3D”,则会变成“2D”。

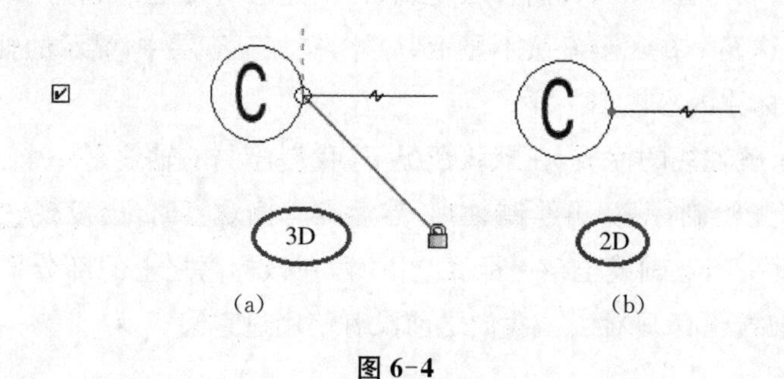

图 6-4

7. 此时仍保持此轴线为选中状态,将此轴线使用鼠标拖动缩短,然后点击“修改|轴网”选项卡最右边的“影响范围”图标,在出现的对话框中,选择“楼层平面:4F”和“楼层平面:5F”,最后点击“确定”按钮。

8. 观察楼层平面 4F 和 5F,此时可见刚才的轴线缩短了;同样,也可以同时对几个轴线进行操作,此处不再赘述。

第二节 六角亭子

一、图形目标及要求

仿古六角亭子的尺寸及效果如图 6-5 至图 6-12。

说明：此亭子的做法的难点在于屋顶及飞檐，要求会对放样等构建实体的命令灵活运用。

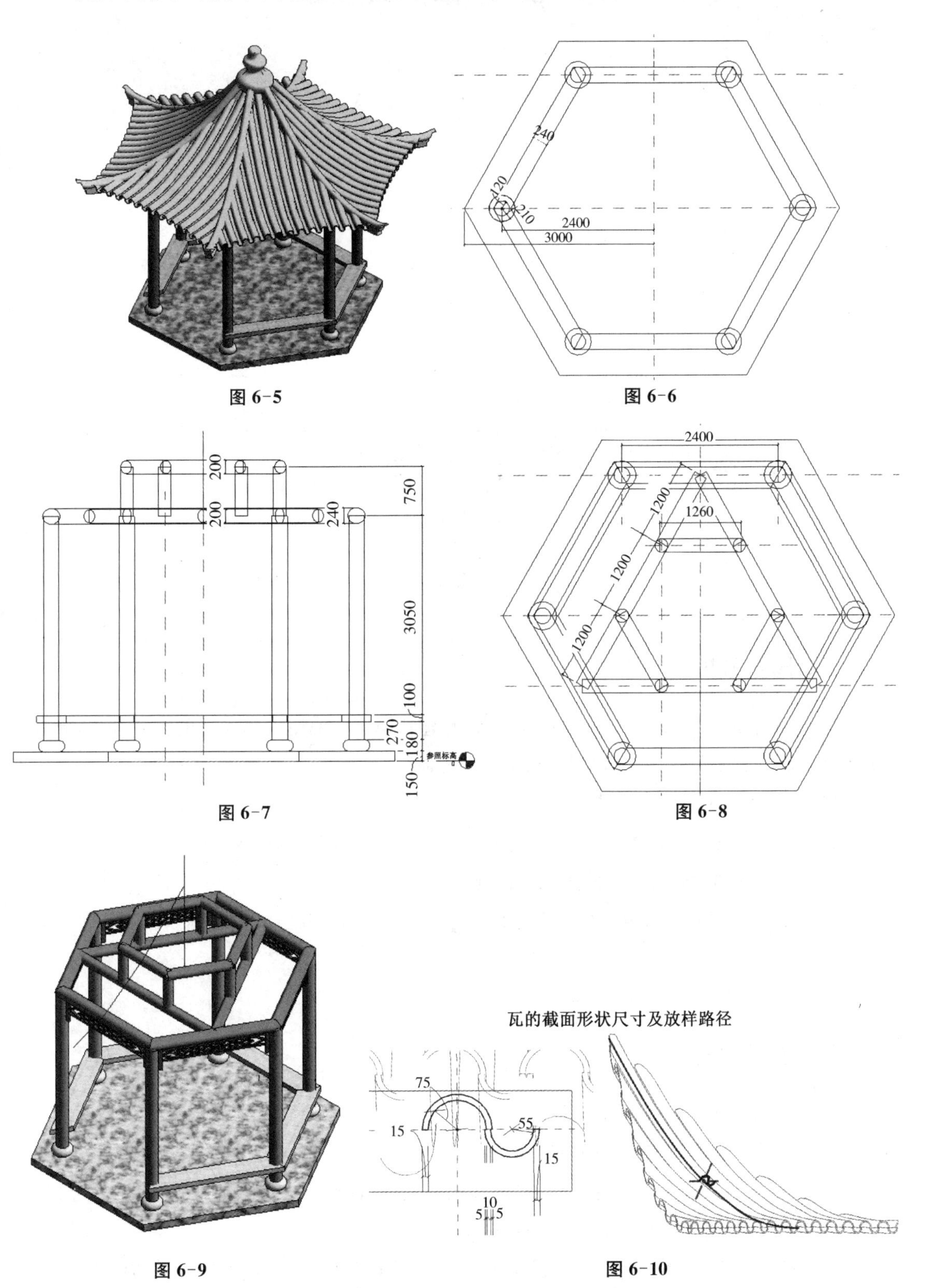

图 6-5

图 6-6

图 6-7

图 6-8

图 6-9

图 6-10

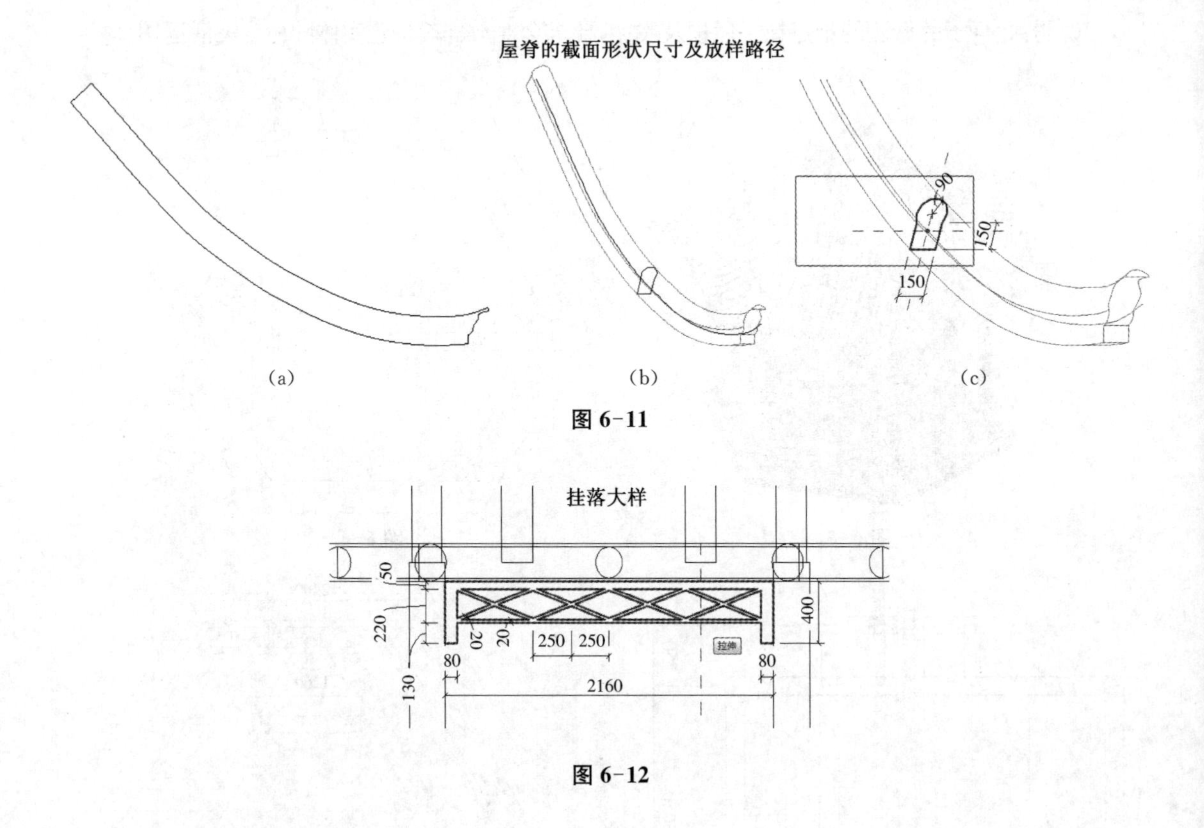

图 6-11

图 6-12

二、思路分析

1. 亭子不是一般墙体、楼板类建筑,可以在建筑模式中使用内建模型的方式创建,此处编者使用族方式来创建,绘制过程为从下到上绘制。

2. 亭子底板使用模型拉伸产生。

3. 柱子六根相同,可做一个,其余复制产生,也可以使用阵列命令产生。

4. 亭子上面的梁架、挂落使用拉伸创建。

5. 屋顶使用族嵌套创建,也可以使用内建模型创建,瓦和屋脊单独绘制,做好一个后再多个阵列。

6. 宝顶是实体,单独旋转截面产生。

三、操作过程

(一) 绘制地面、柱子、平板坐凳

1. 新建族,使用“公制常规模型”。

2. 执行“创建”选项卡→“拉伸”→“内接正多边形”,绘制半径为 3000、拉伸终点为 150 的正六边形平台,并赋予此平台“大理石”材质。

3. 点击“创建”选项卡中的“设置”图标,点取水平的参照平面,在出现的对话框中,点取

“立面:前”选项,此时出现前立面视图。

4. 在前立面视图状态下,执行“创建”选项卡→“旋转”命令,按图 6-6 和图 6-7 所示标注,绘制柱子下面的石墩,并赋予“花岗岩”材质。

5. 在“参照标高”视图状态下,在石礅处绘制柱子执行“创建”选项卡→“拉伸”命令,拉伸起点为 330,拉伸终点为 3750,并赋予柱子“红色”材质(材质取名为“红色”,外观为红色)。

6. 在“参照标高”视图状态下,选中刚才绘制的石墩和柱子(如图 6-13 所示),使用“阵列”命令,选择命令状态栏中的“半径”,修改阵列数为 6,并将柱子处的环形阵列中心移至两个参照平面的交点处,角度中输入 360 后,按回车键,可在三维状态下看到阵列后的效果。

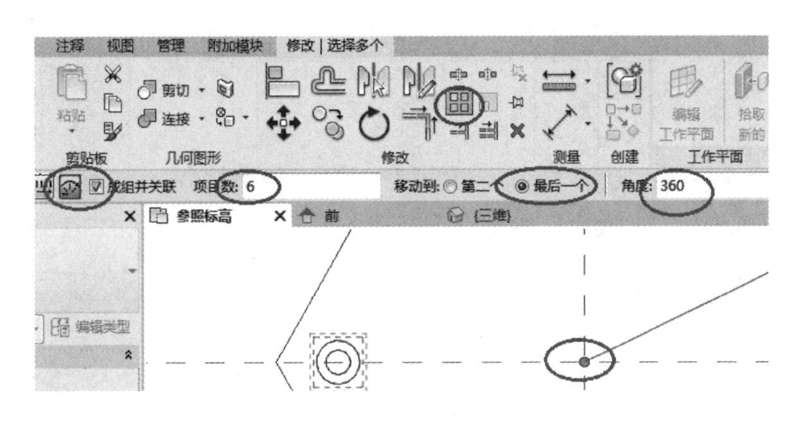

图 6-13

7. 在“参照标高”视图状态下,执行“创建”选项卡→“拉伸”命令,绘制如图 6-14 所示的形状,拉伸起点为 600,拉伸终点为 700,并赋予“花岗岩”材质。

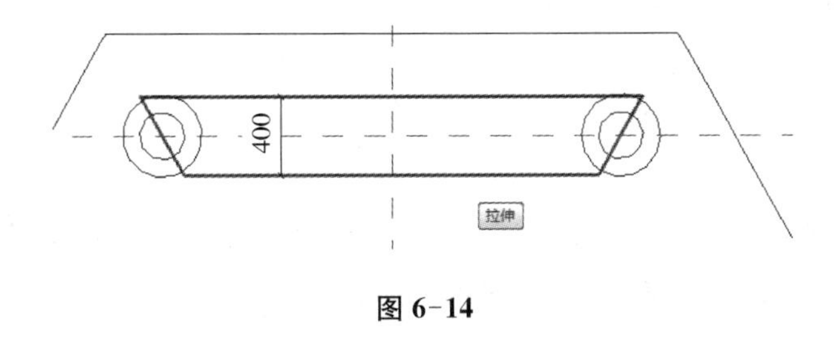

图 6-14

8. 选择刚才创建的平板坐凳,按第 6 步的方法进行阵列,并观看阵列后的三维效果,然后删除一条边上的平板坐凳来让人进出。

(二) 绘制梁

1. 根据图 6-6、图 6-7 和图 6-8 所示,柱子上的梁半径为 120,长度不小于 2400。

2. 在当前默认视图范围内,我们看不到要绘制的位置,因此要修改视图范围:先在绘图区点击鼠标左键,此时我们看不到属性中的“视图范围”选项,这时用鼠标点击“项目浏览器”中的“参照标高”平面,“属性”窗口变为“楼层平面”的属性,并出现了“视图范围”选项,点击“视图范围”的“编辑”按钮,出现如图 6-15 所示的对话框,修改其参数,如图 6-15 所示。

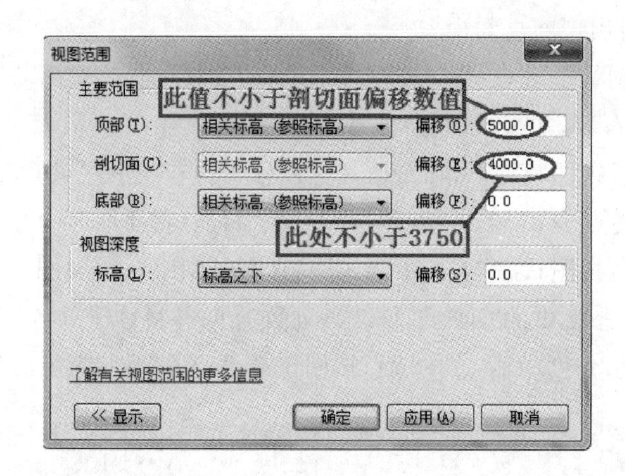

图 6-15

3. 在“参照标高”视图状态下，执行“创建”选项卡→“设置”命令，在出现的对话框中，选择“拾取一个平面”后点击“确定”，然后点取竖直的参照平面，在出现的“转到视图”对话框中，选择“立面:左”视图。

4. 在当前视图下，执行“创建”选项卡→“拉伸”命令，然后在左侧的柱子顶端中心绘制半径为 120 的圆，设置拉伸起点为 －1250，拉伸终点为 1250，如图 6-16 所示，然后点击“修改|创建拉伸”选项卡中的绿色对号。

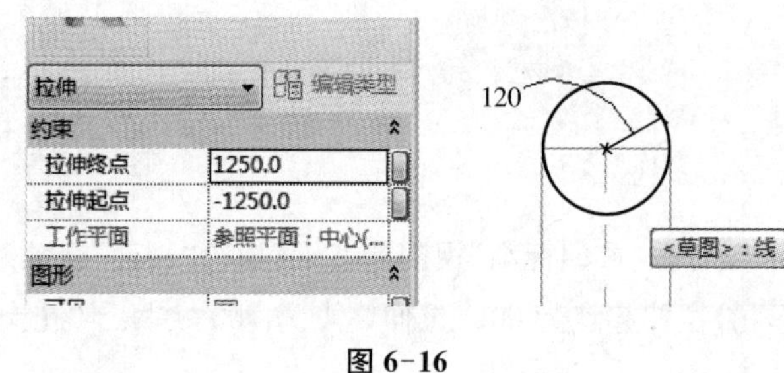

图 6-16

5. 选中刚才创建的梁，赋予此梁“红色”材质。

6. 在“参照标高”视图状态下，执行“阵列”命令，如前面提到的方法及图 6-13 所示，产生另五个梁。

7. 如图 6-8、图 6-9 所示，要绘制六个横梁之间的三个梁，要绘制辅助线才能实现精确定位，绘制如图 6-17 所示的辅助模型线和参照平面。

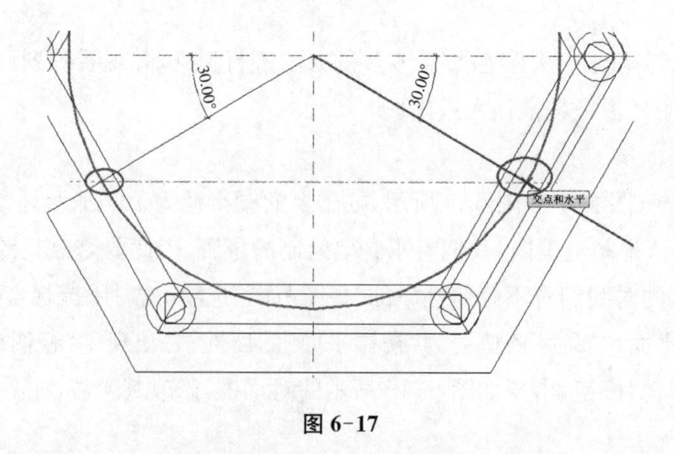

图 6-17

8. **删除**刚才绘制图 6-17 中两个椭圆间的参照平面时的**两个辅助模型直线**，在此参照平面处绘制直径 200 的横梁，在“参照标高”视图状态下，执行“创建”选项卡”→“设置”命令，选择竖直的中间参照平面作为工作平面，在“立面:左”或“立面:右”视图下，在相应位置绘制半径 100 的圆，拉伸起点为－1800，拉伸终点为 1800，再点击绿色对号，最后设置其材质为“红色”。

9. 将刚才创建的横梁，像前面一样，以亭子的平面中心为阵列中心阵列 3 个。

10. 在“参照标高”视图状态下，将中间竖直的参照平面左边绘制另一个参照平面，且与中间竖直的参照平面间距为 600。

11. 在“参照标高”视图状态下，执行“创建”选项卡→“拉伸”命令，在三角横梁的水平横梁的参照平面与刚才绘制的参照平面交叉点处，绘制半径为 100 的圆，设置拉伸起点为 3750，拉伸终点为 4500，然后点击绿色的对号。

12. 此时平面中如果看不到刚才创建的梁上竖柱，可参照此部分中的步骤 2 和图 6-15，设置顶部偏移值和剖切面偏移值为 4500 或更大数据。

13. 赋予刚才创建的横梁上的竖柱材质为“红色”。

14. 对横梁上的竖柱沿亭子平面中心环形阵列 6 个。

15. 参照此部分步骤 3 至步骤 6，绘制六个小竖柱上的六个短横梁，它们的半径为 100，拉伸起点为－630，拉伸终点为 630，材质为“红色”，此时绘制出来的结果如图 6-9 部分所示。

(三) 绘制挂落

1. 在“参照标高”视图状态下，执行“创建”选项卡→“设置”命令，在出现的对话框中选择图 6-14 所示的水平参照平面后，再在接着出现的“转到视图”对话框中选择“立面:后”视图。

2. 按图 6-12 所示平面图形及标注尺寸，执行“创建”选项卡→“拉伸”命令，然后按尺寸在居中位置绘制如图 6-18 所示的菱形及外围图形。

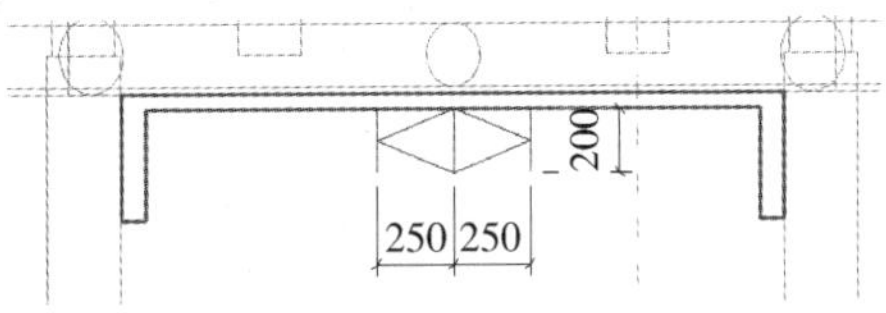

图 6-18

3. 将菱形直线向两边各偏移 10，然后删除中间的菱形，再将偏移产生的 8 条斜线一起选中后，执行多个复制命令，复制的间距为 500。

4. 按图 6-19 所示绘制最下边的两条直线，间隔 20。

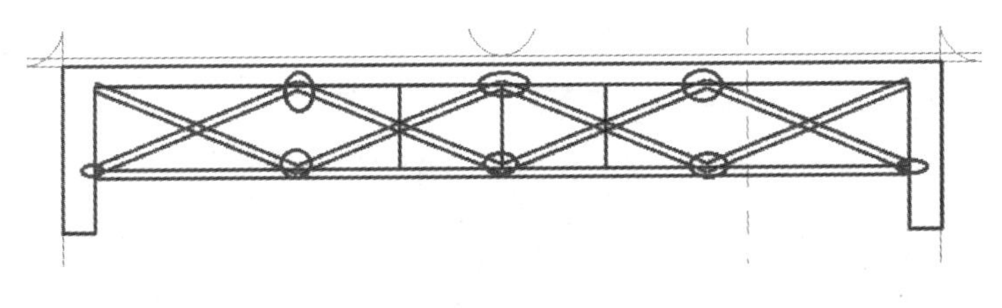

图 6-19

5. 使用修改中的“拆分图元”命令，此时鼠标图标变为“小刀”形状，在图 6-19 所示的几个椭圆处分割两根水平直线和两侧的两根竖直直线。

6. 使用“修剪”命令修剪相交的直线，最后图形如图 6-12 所示，然后设置拉伸起点为－20；拉伸终点为 20，最后点击绿色的对号。

7. 赋予挂落材质的外观颜色为“蓝色”，然后观看三维效果后，在“参照标高”视图状态下，像前面所示的阵列样式，阵列产生出其余五个挂落，此时的三维效果如图 6-9 所示。

(四) 绘制屋顶

1. 切换视图到左立面，再使用“创建”选项卡中的“模型线”命令，按如图 6-20 所示的尺寸数据绘制直线。

2. 在“左”立面视图状态下，执行“创建”选项卡→“放样”命令，在出现的“修改|放样”选项卡中，点击“绘制路径”图标，再点击新变化的选项卡“修改|放样>绘制路径”中的“样条曲线”图标，在如图 6-21 处的模型线处，多点击一些拟合点，形成放样路径(注意样条曲线为可适当光滑带弧度的曲线，且在结束样条曲线绘制时，按三次回车键)，结果如图 6-21 所示。

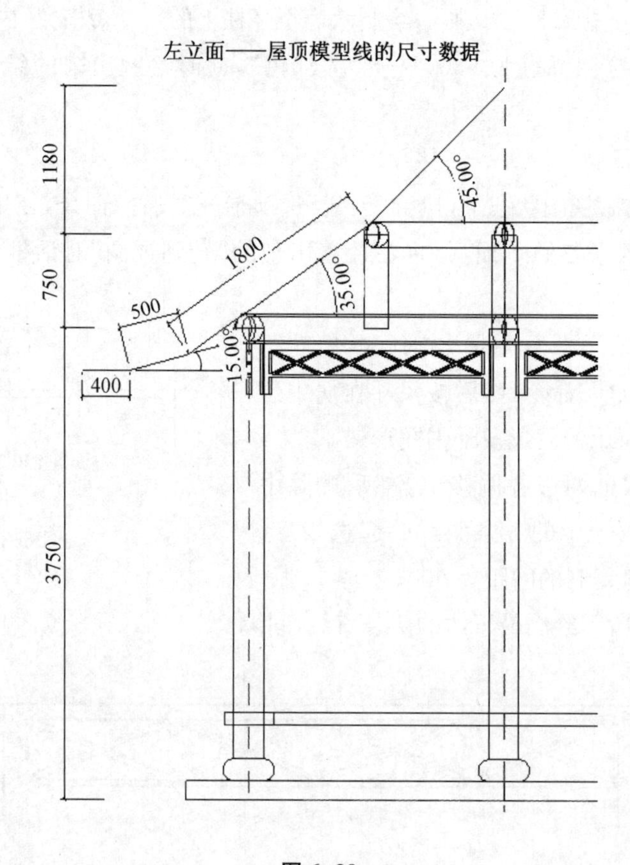

图 6-20

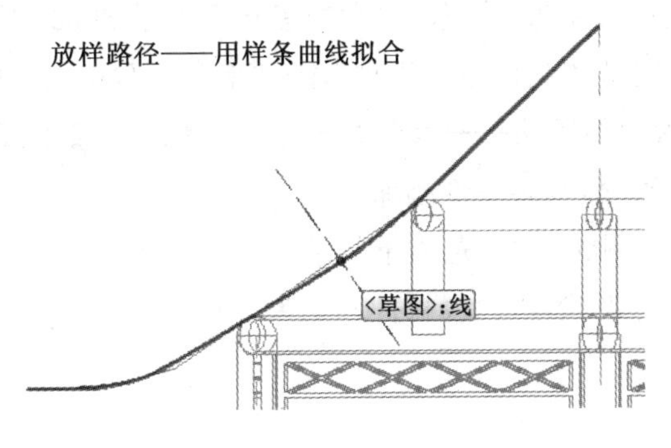

图 6-21 放样路径——用样条曲线拟合

3. 完成放样路径绘制后,点击此时选项卡中的绿色对号,选项卡的名称又变成原来的“修改|放样”,在此选项卡中,点击“编辑轮廓”图标,在出现的转换视图对话框中,选择“立面:前”视图,同时选项卡的名称变为“修改|放样>编辑轮廓”,然后按图 6-10 所示尺寸,绘制瓦的截面形状。

4. 绘制瓦的截面形状完成后,点击选项卡中的绿色对号,选项卡的名称又变为“修改|放样”,再点击此选项卡中的绿色对号,完成放样操作。

5. 此时,进入三维仔细观察,会发现新创建的瓦与红色的横梁相交。

6. 再次进入“左”立面视图,选择刚才创建的瓦,利用移动命令,将瓦向上移动 100,再次进入三维观察,此时瓦与横梁不再相交。

7. 将瓦的材质的颜色设置为“黄色”。

8. 进入“后”立面视图,选中刚才创建的瓦实体,执行“复制”命令,向两侧多个复制,复制的间距为 265,此时“参照标高”视图中的结果如图 6-22 所示(如果在此图不能完整看到瓦,可修改图 6-15 中视图范围中的两个数值均为 6000)。

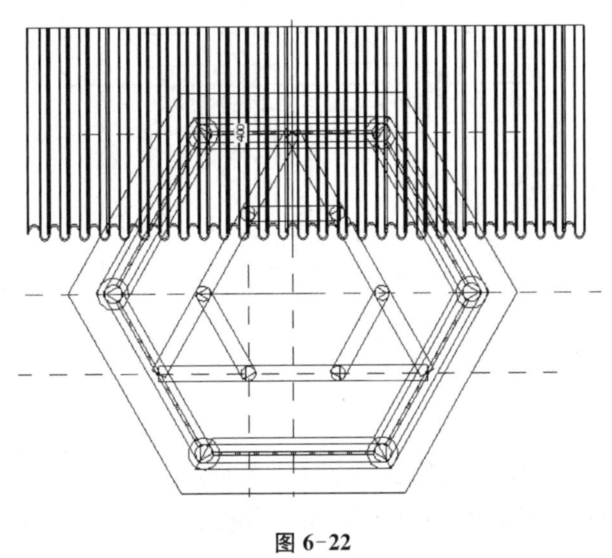

图 6-22

9. **注意**:先保存此时的图形,名称为“**六角亭子**”,再将此时的图另存为族“**六角亭子顶——六分之一**”(这样能节省我们重新规划考虑两部分的数据关系的时间)。

10. 在新的族名“**六角亭子顶——六分之一**”中,只保留**全部的瓦**、底部的**亭子地面**、两个**最初且相垂直的参照平面**,其余全部删除。

11. 在“参照标高”视图状态下,先选择全部的瓦,再执行“创建”选项卡→“空心拉伸”命令,绘制如图 6-23 所示的形状,再设置拉伸起点为 3000,拉伸终点为 6000,再点击此时选项卡中的绿色对号。

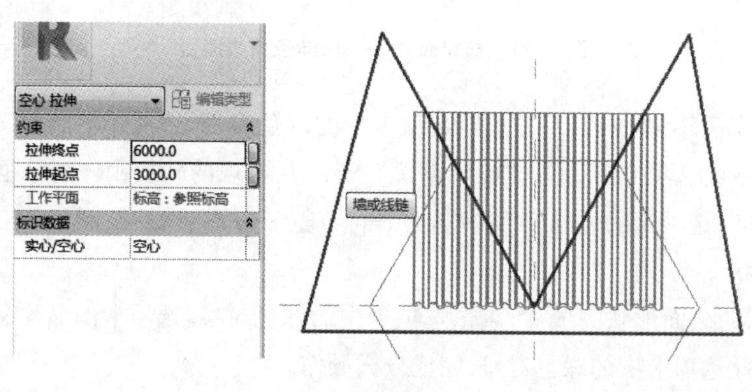

图 6-23

12. 在“参照标高”视图状态下,再次选择全部的瓦及刚才创建的空心对象,再执行“创建”选项卡→“空心拉伸”命令,从中心原点(即两个参照平面相交点)垂直向上绘制长度为 3200 的辅助直线,再沿此直线上端点水平绘制辅助直线,与六分之一面的两侧相交,取此两交点,绘制圆弧,并使得圆弧半径为5000,然后绘制让圆弧构成封闭区域的形状,如图 6-24 所示(不包含垂直的线及下边的水平线)。

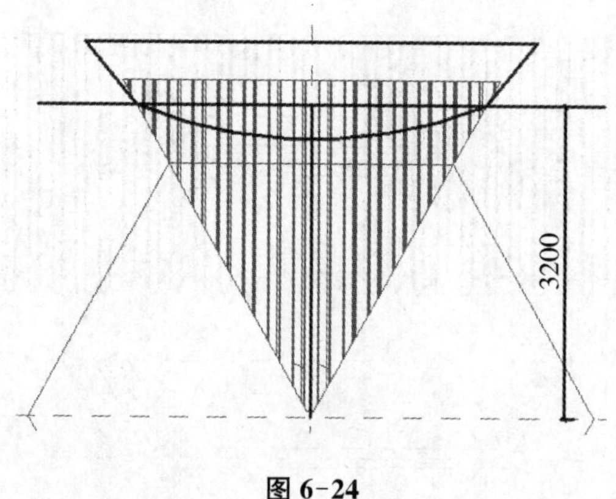

图 6-24

13. 删除垂直辅助线和最下边的水平辅助线,然后点击当前选项卡中绿色的对号。

14. 删除亭子地面实体,此时在“参照标高”视图及三维状态下的亭子顶瓦形状如图 6-25所示。

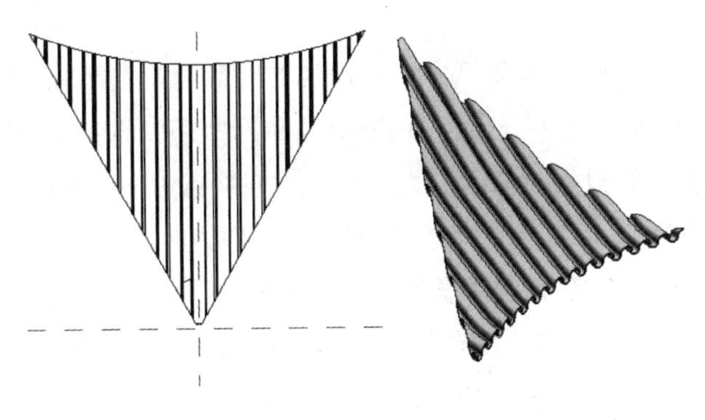

图 6-25

15. 保存当前族,然后将其另存为名称为“六角亭子顶——单个屋脊”族。

16. 在“六角亭子顶——单个屋脊”族中,只保留垂直参照平面上的那个瓦,删除两个空心拉伸和其他的瓦。

17. 绘制如图 6-26 所示与水平方向成 60 度角的参照平面。

18. 选中保留的单个瓦,执行“旋转”命令,将旋转中心点移动到原点(水平和垂直参照平面的交点),将其旋转到刚才绘制的参照平面上,结果如图 6-27 所示。

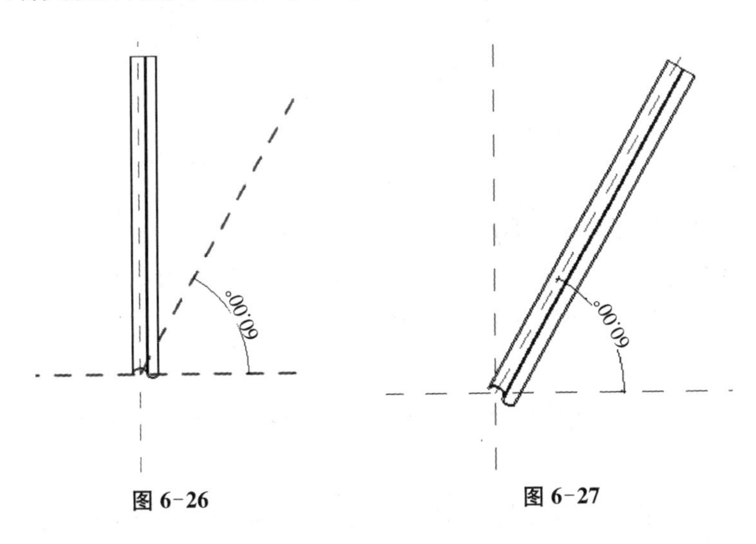

图 6-26　　　　图 6-27

19. 进入“前”立面视图下,双击单个瓦实体,进入“修改|放样”状态,再次双击放样的路径样条曲线,将下端的尾巴部分向上拖动一些放样节点(注意,不要拖动最后一个端点,等拖曳结束后再删除最后一个端点),构成飞檐的曲线样式,然后点击绿色对号。

20. 双击“修改|放样”状态下的截面轮廓,按图 6-11 的尺寸绘制截面,在中间参照平面线上先绘制长 150 的直线,然后向两边偏移,这样能保证空间位置的正确性,后面再绘制圆,进行修剪移动,完成截面形状后,点击绿色的对号,选项卡会变为“修改|放样”,此时再次点击绿色的对号,完成屋脊的放样修改。

21. 在“参照标高平面”视图状态下,将绘制产生的屋脊以原点为中心旋转到水平参照平面线上。

22. 执行“创建”选项卡→“设置”命令，在出现的对话框中选择“拾取一个平面”，拾取水平参照平面，然后选择前立面，在此前立面视图中，执行“创建”选项卡→“空心拉伸”命令，绘制如图 6-28 所示的形状，设置拉伸起点为－100，拉伸终点为 100，然后点击绿色对号。

23. 观看三维效果，**保存**当前族，然后**关闭**当前文件。

24. 打开前面创建的族名“**六角亭子顶——六分之一**”文件，执行“插入”→“载入族”，加载刚才创建的族“六角亭子顶——单个屋脊”，此时项目浏览器窗口中的“族”下，会出现加载的族。

25. 在“参照标高”视图状态下，将加载的族拖到绘图区中，并保持族的原点与当前视图原点对齐。

26. 将刚才拖到视图区的“六角亭子顶——单个屋脊”族旋转 60 度，结果如图 6-29 所示。

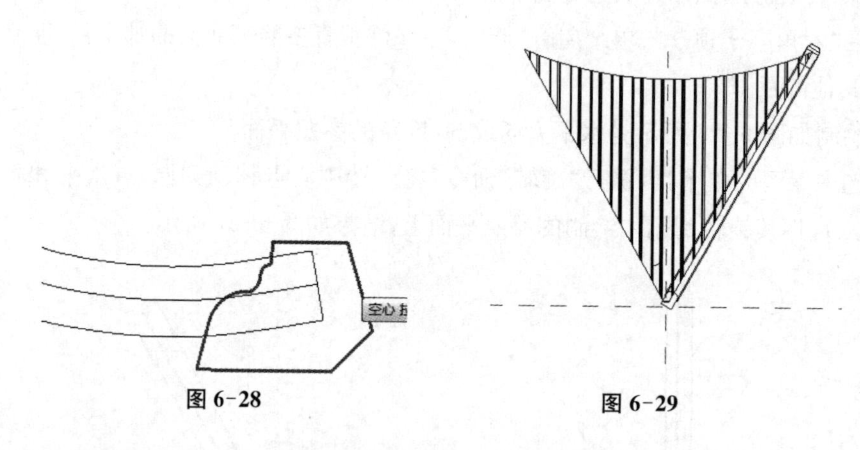

图 6-28　　图 6-29

27. 保存族“**六角亭子顶——六分之一**”，并关闭当前文件。

28. 打开“**六角亭子**”族，删除此处中的全部瓦，然后加载刚才保存的族“**六角亭子顶——六分之一**”，并拖动到绘图区中，使得载入族的原点与当前视图的原点对齐，如此时看不到顶部，可修改视图范围。

29. 选中刚才拖动到绘图区中的族“**六角亭子顶——六分之一**”实例，阵列产生另外五个，并观看三维效果。

30. 切换到“前”立面视图，使用旋转命令绘制宝顶并赋予黄色材质，此处不再赘述，最后三维效果如图 6-5 所示。

31. 保存图形。

第三节　入门图形深化

前面我们学习的入门图形与工程实际还是有差距，工程上通常要较之更详细。此处我们通过深化一些绘制，掌握剖面图的生成方法、明细表的生成与编辑修改方法、图纸的输出方法。

一、按图纸建模(图 6-30 至图 6-35)

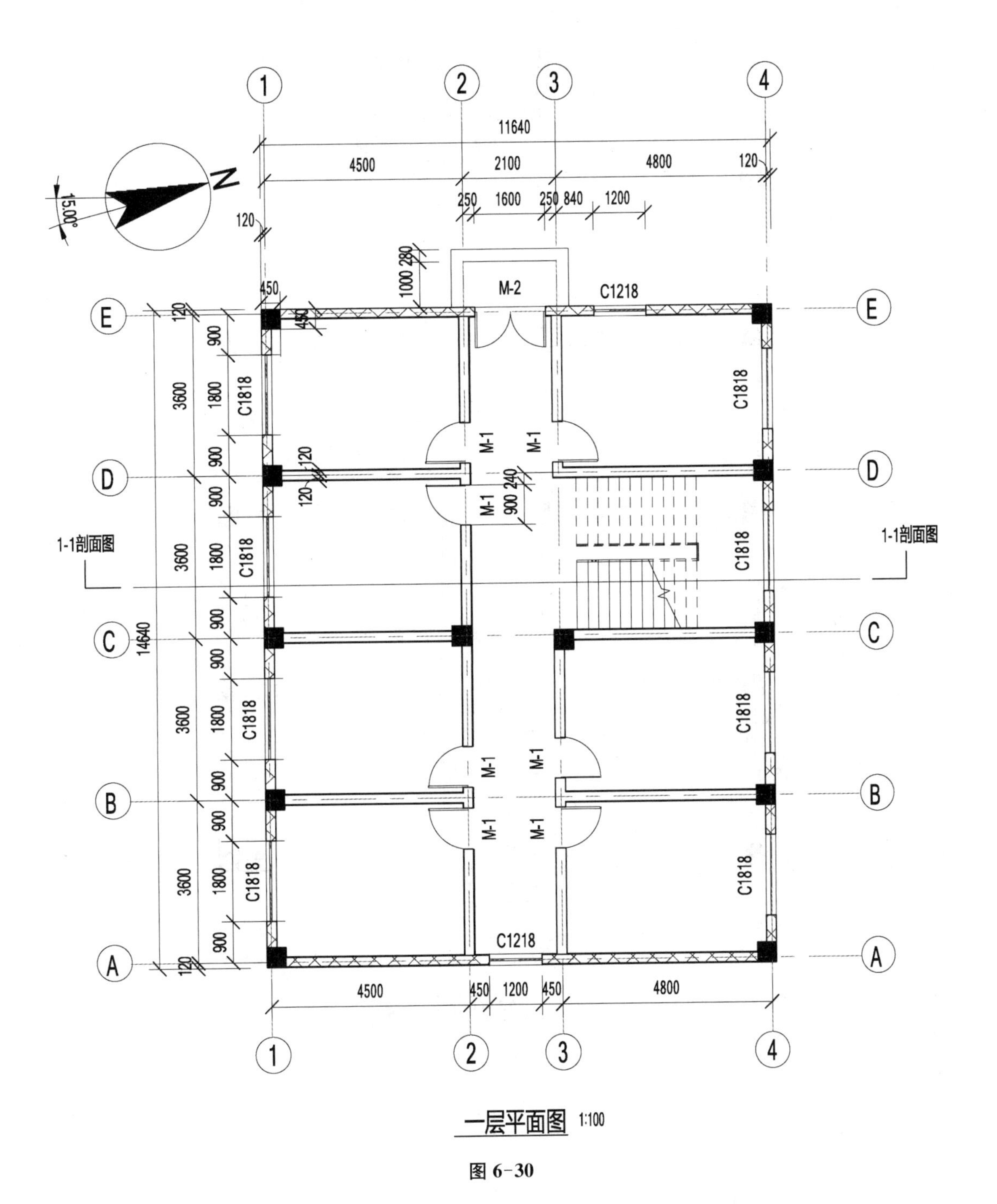

一层平面图 1:100

图 6-30

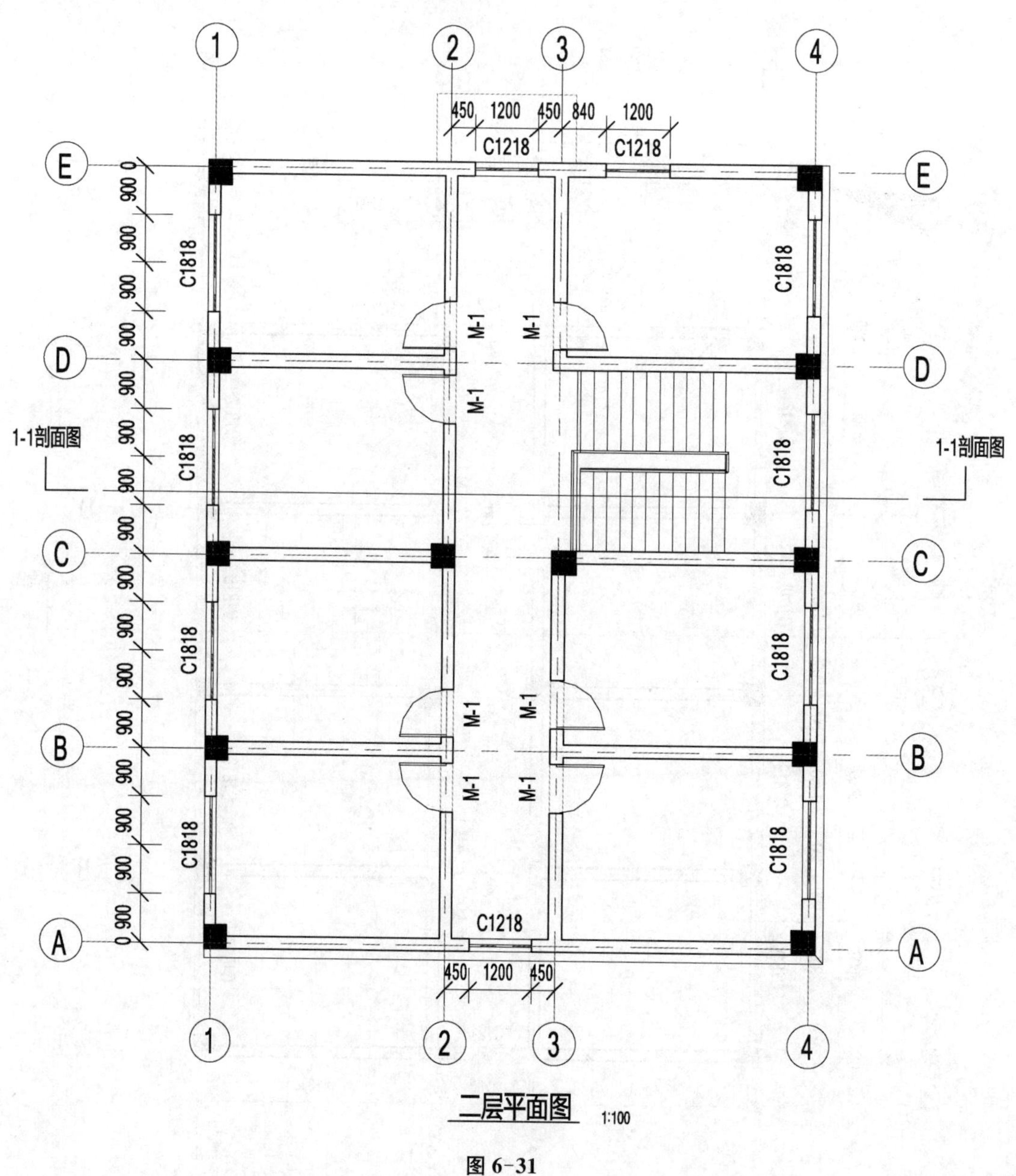
1
2
3
4
450
1200
450
840
1200
C1218
C1218
E
D
C
B
A
C1818
M-1
1-1剖面图
900
C1218
二层平面图
1:100

图 6-31

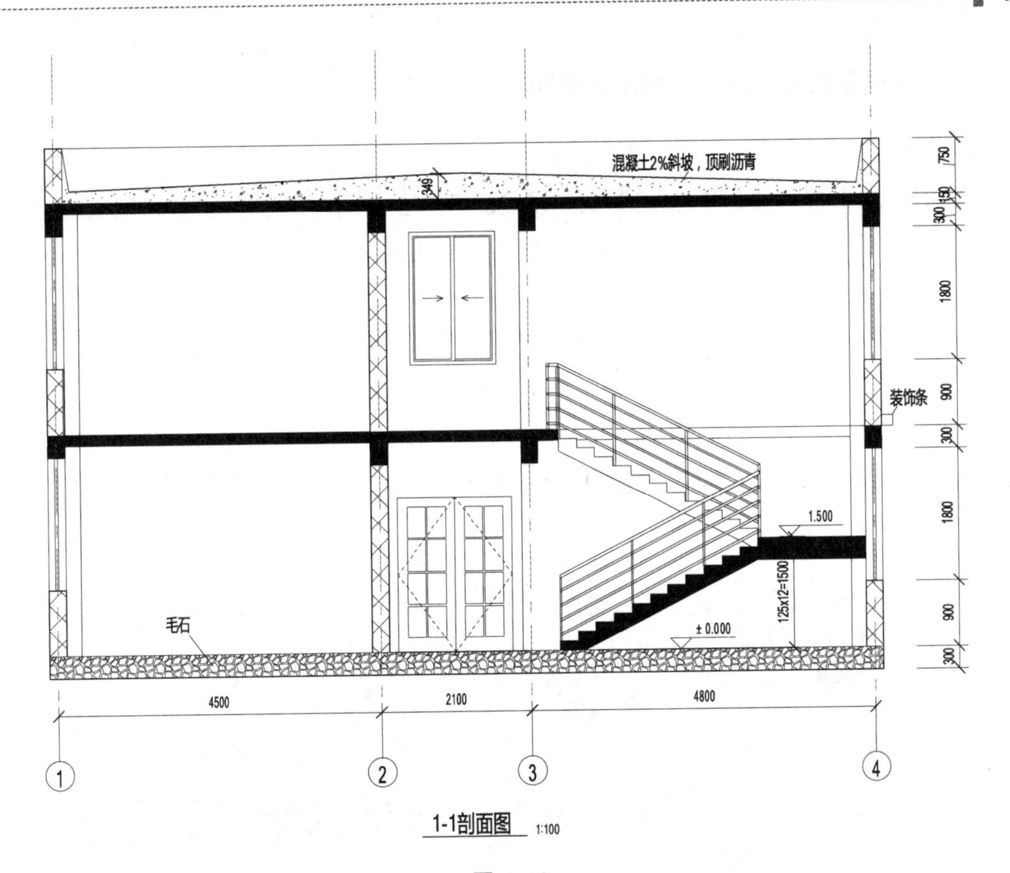

图 6-32

<门明细表>					
A	B	C	D	E	F
			洞口尺寸（mm）		
类型标记	F1	F2	宽度	高度	合计
M-1	7	7	900	2100	14
M-2	1	0	1600	2100	1

图 6-33

<窗明细表 5>						
A	B	C	D	E	F	G
			尺寸（mm）			
类型标记	1F	2F	宽度	高度	底高度	合计
C1218	2	3	1200	1800	900	5
C1818	8	8	1800	1800	900	16

图 6-34

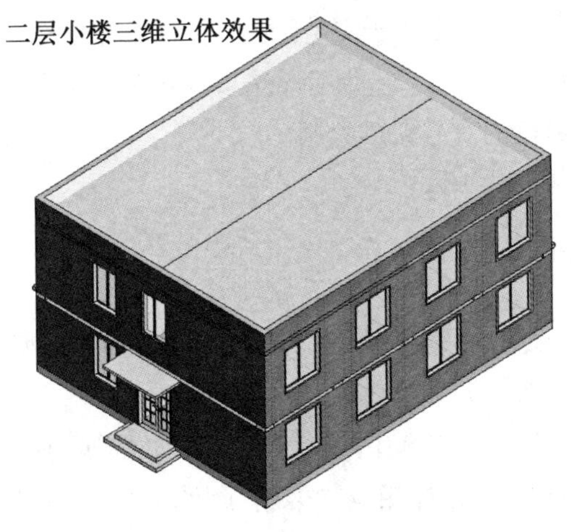

图 6-35

二、平面图中柱子的实心图形绘制

1. 问题

在图 6-30 和图 6-31 中，我们看到柱子是黑色的正方形，而我们绘制时，随着墙体绘制完成后，会发现柱子变成无填充状态，那我们该如何实现黑色的图形？

2. 操作实现过程

(1) 依次点击打开“项目浏览器”窗口→“族”→“详图项目”→“填充区域”→“混凝土”，在“混凝土”上按鼠标右键，复制后，将复制的名称改为“混凝土柱子”。

(2) 接着在“混凝土柱子”上按鼠标右键，在弹出的浮动菜单中，点击“类型属性”菜单项，这时出现“类型属性”对话框，按如图 6-36 所示的数字次序修改后，点击两次“确定”按钮。

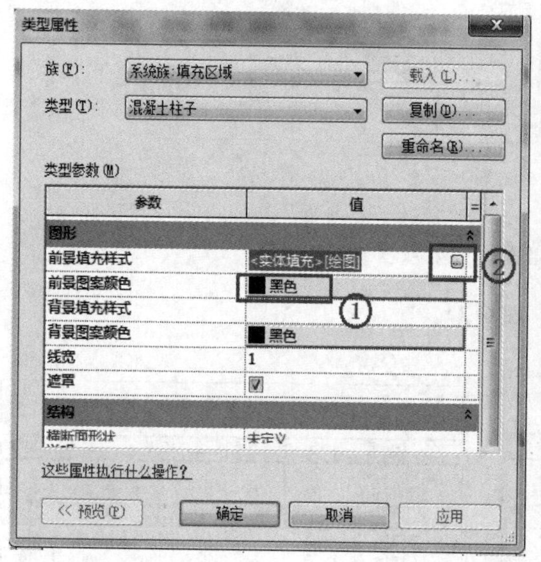

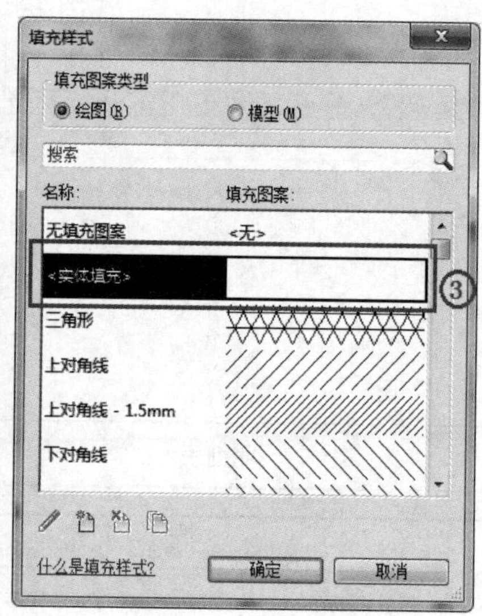

图 6-36

(3) 用鼠标拖动刚才的“混凝土柱子”族至绘图区后松开鼠标左键，此时项目选项卡中多了“修改|创建填充区域边界”选项卡，使用此选项卡中的“矩形”命令，在 1F 平面图的柱子处绘制矩形，然后点击绿色的对号完成绘制。

(4) 其余柱子的做法与此相同。

三、门窗文字标注显示

1. 选择 1F 平面图中的双开门，在“属性”窗口中点击“编辑类型”，在出现的“类型属性”对话框中，修改“类型标记”项数据为“M-2”。

2. 如图 6-37 所示数字次序，先选中双开门，点击“注释”选项卡→“全部标记”，在出现的对话框中，根据要标记的对象，选择相应的类别，此处是“门标记”，根据标记的方向，选择

“水平”或“垂直”方向，然后点击“确定”按钮。

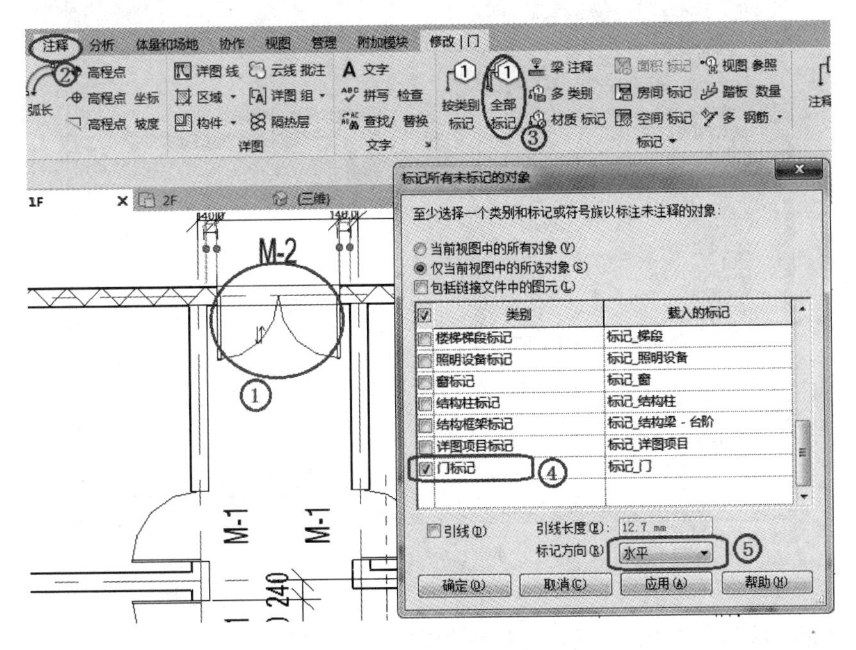

图 6-37

3. 根据出现的标记与对象间的间隔，适当调整移动标记位置。

4. 其余门窗的标记方法与前相似，在此不再赘述。

四、女儿墙的设置

仿照叠层墙的方式，设置上部固定 200 mm、下部可变的叠层墙体。绘制过程及内容略。

五、明细表的生成与编辑

(一) 窗的数量统计明细表

1. 统计全部的窗，按类型标记统计合计数量

操作过程：

(1) 执行“视图”选项卡→“明细表”→“明细表/数量”，在出现的“新建明细表”对话框中，“类别”项选择“窗”，并选中“建筑构件明细表”，然后点击“确定”，会弹出“明细表属性”对话框，如图 6-38 所示。

(2) 在“明细表属性”对话框，选择相应的字段，如图 6-38 右侧所示(对此字段内容可使用上下箭头图标按钮调整显示表格中的前后次序，也可以删除或新建立字段选项)。

(3) 在“明细表属性”对话框中，选择“排序/成组”选项卡，排序方式选择“类型标记”，按“升序”排序，并将最下面的**“逐项列举每个实例”复选框去除勾选**。

(4) 在“明细表属性”对话框的“格式”选项卡中，选择字段“合计”，在最下面的下拉选项

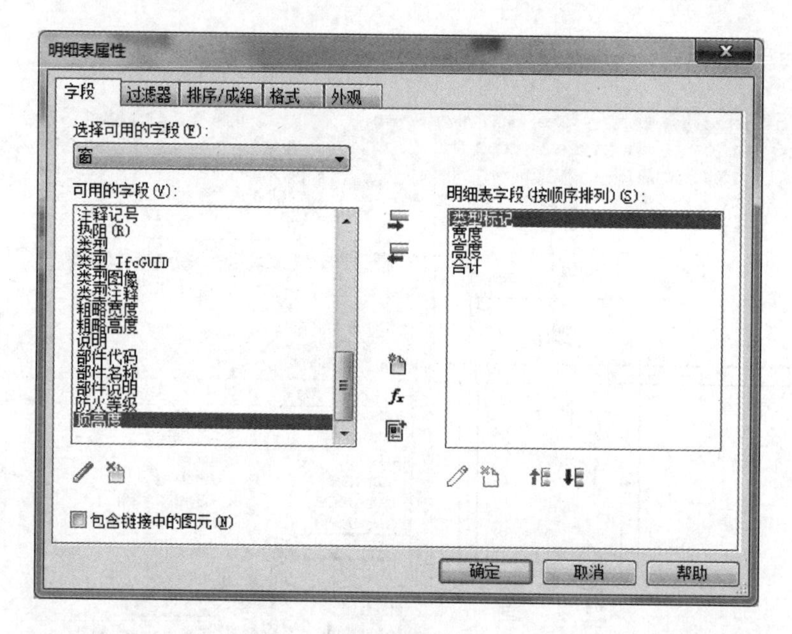

图 6-38

中，选择“**计算总数**”，点击“确定”后，会出现如图 6-39 的结果。

(5) 在如图 6-39 所示中，用鼠标拖动选中“宽度”和“高度”两个属性，在出现的“修改明细表/数量”选项卡中，执行“成组”命令，然后输入“尺寸(mm)”，结果如图 6-40 所示。

<窗明细表 3>			
A	B	C	D
类型标记	宽度	高度	合计
C1218	1200	1800	5
C1818	1800	1800	16

图 6-39

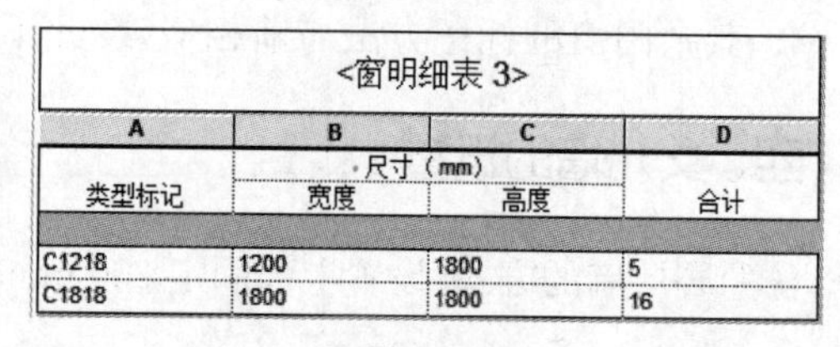

<窗明细表 3>			
A	B	C	D
类型标记	尺寸（mm）		合计
	宽度	高度	
C1218	1200	1800	5
C1818	1800	1800	16

图 6-40

(6) 表格的标题及表格数据前是否空行可以自己修改，此处留给读者自己探究学习。

2. 分楼层统计全部的窗，并按类型标记统计合计数量

操作过程：

(1) 先在“管理”选项卡中，点击“项目参数”，在出现的“项目参数”对话框中，点击“添加”，会出现如图 6-41 所示的对话框，并按图 6-41 设置，添加项目参数“1F”；

(2) 同样方法，添加项目参数“2F”；

(3) 进入一层平面图，按住 Ctrl 键，选中全部窗，此时在属性窗口中，将最下面的 1F 设置为“1”，如图 6-42(a)所示(读者可尝试修改 1F 的数据为其他数据，如“2”，比较它们为不同数据时产生的不同结果)；

(4) 同样，将二层平面图中的窗选中后，将属性窗口中的 2F 设置为“1”，如图 6-42(b)所示；

(5) 两个分层数据项设置完成后，其余操作步骤与上面不分层的统计步骤相同，结果如图 6-34 所示。

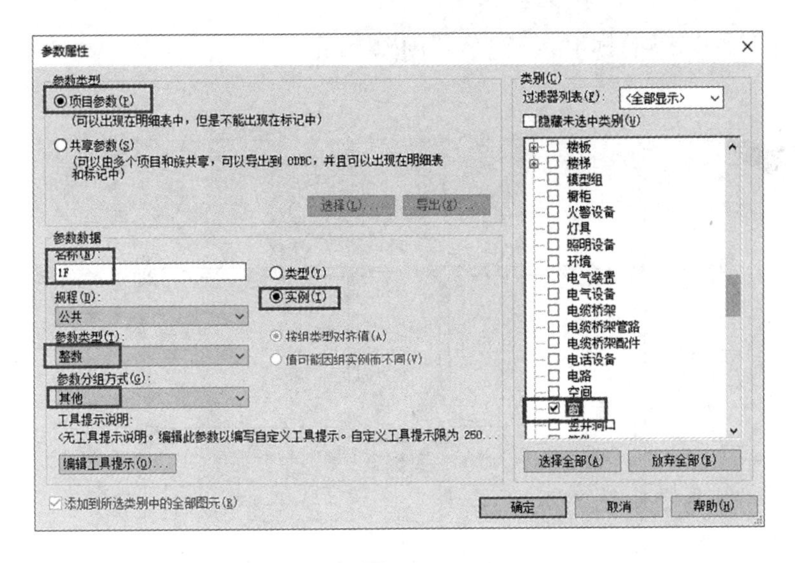

图 6-41

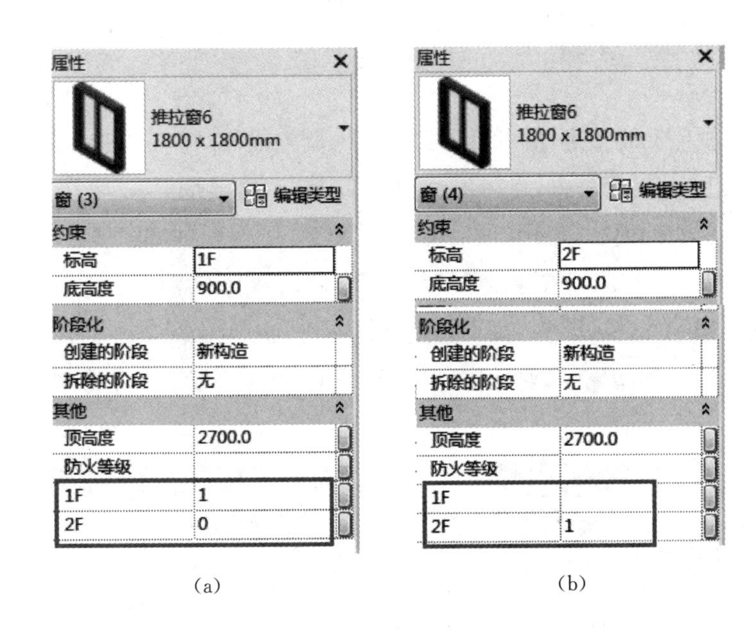

(a) (b)

图 6-42

(二) 门的数量统计明细表

在“新建明细表”对话框中的“类别”项选择“门”，其余操作过程与窗的数量统计明细表的操作过程类似，此处留给读者练习，结果如图 6-33 所示。

六、剖面图的生成与编辑

1. 执行“视图”选项卡→“剖面”命令，在如图 6-30 所示位置绘制剖面，并点选此剖面线，将“属性”窗口中的“视图名称”和“图纸上的标题”改为“1-1 剖面图”。

2. 如图 6-43 所示，点取剖面线 1-1 标识后，会出现三个鼠标拖拽剖面视图范围的标记、两个“循环剖面线末端”标记、一个“线段间隙”标记。

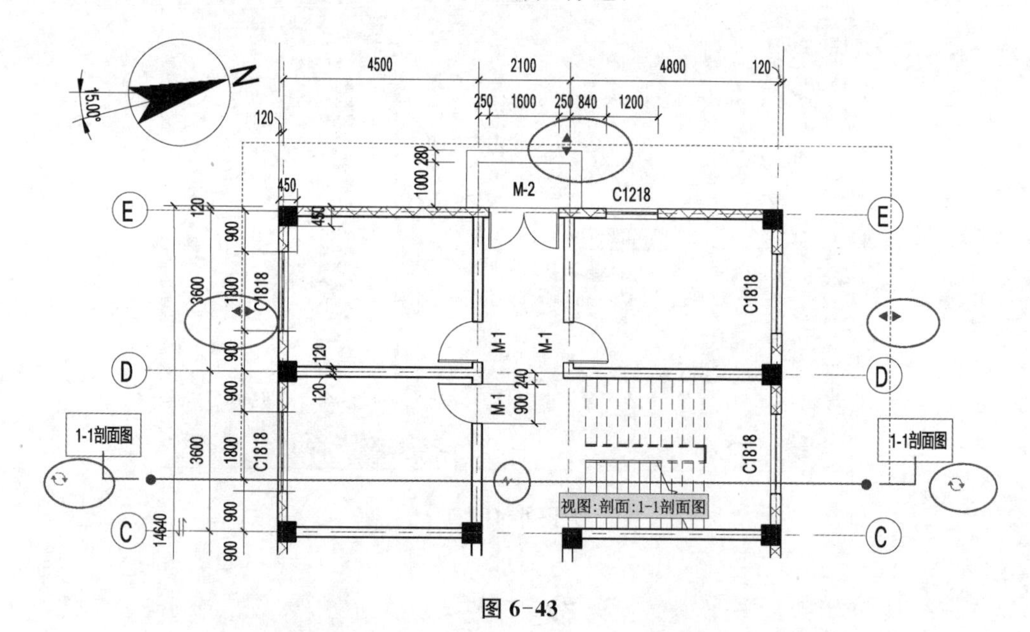

图 6-43

3. 读者可使用鼠标调整剖面图视图范围大小、调整线段间隙、改变剖面线末端样式。

4. 在剖面线上，按鼠标右键，可弹出浮动菜单，执行“翻转剖面”。

5. 进入视图 1-1 剖面图，使用“项目浏览器”窗口→“族”→“详图项目”→“填充区域”→“混凝土”，在“混凝土”上按鼠标右键，复制后，将复制的名称改为“混凝土楼板-黑色实心”。

6. 接着在“混凝土楼板-黑色实心”上按鼠标右键，在弹出的浮动菜单中，点击“类型属性”菜单项，这时出现“类型属性”对话框，按如图 6-44 所示的数字次序修改后，点击两次“确定”按钮。

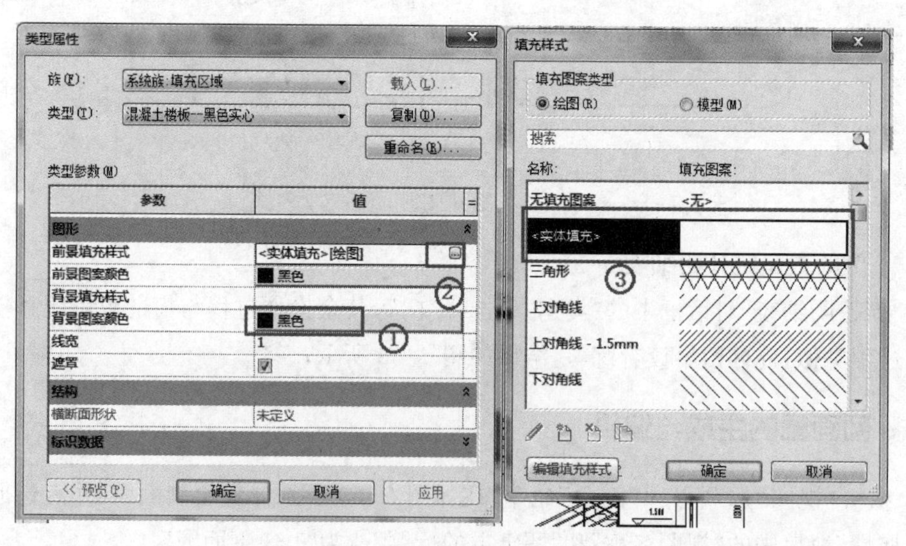

图 6-44

7. 用鼠标拖动刚才的“混凝土楼板-黑色实心”族至绘图区后松开鼠标左键，此时项目选项卡中多了“修改|创建填充区域边界”选项卡，使用此选项卡中的“矩形”命令，在 1-1 剖面图的楼板及横梁剖面处绘制矩形形状并闭合，然后点击绿色的对号完成绘制。

8. 同样的方法，按图 6-32 所示，在墙体处绘制打叉图案样式的填充矩形。

9. 同样的方法，按图 6-32 所示，绘制屋顶处带斜坡的形状的保温层。

10. 按图 6-32 所示，标注相应的标高、文字等内容，最后保存。

七、自定义图纸标题栏

1. 新建“族”，选择如图 6-45 所示的文件夹路径，选择其中的“A3 公制. rft”。

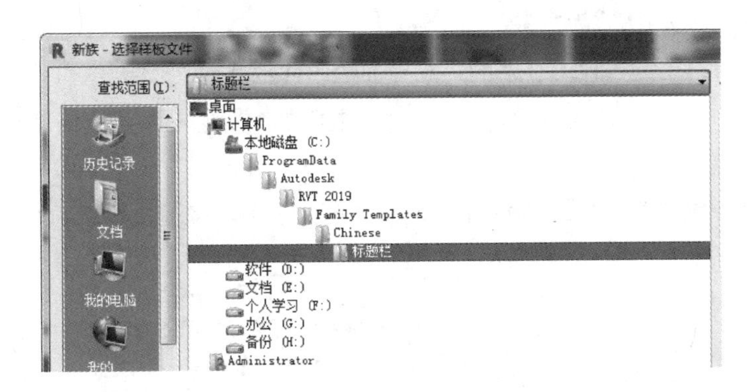

图 6-45

2. 打开的图形是一个 420 mm×297 mm 的矩形，在里面按图纸的要求，绘制另一个矩形，其尺寸为 390 mm×287 mm，且距左边线 25 mm，距其他线 5 mm。

3. 绘制标题栏，使用“创建”选项卡→“线”，按如图 6-46 所示的尺寸绘制。

未来工程师设计院					
图名			建设单位		
			工程名称		
设 计		项目编号		设计号	
校 对		项目负责人		图 别	
审 核		专 业		图 号	
审 定		专业负责人		日 期	
20	25	20	25	20	25

（行高：10、10、5、5、5、5）

图 6-46

4. 编辑文字，分别为 3.5 mm 和 5 mm 文字，文字大小可调整为 2.5 mm 和 4 mm，放置文字时要注意位置适中且对齐。

5. 使用其他软件输入文字“未来工程师设计院”，此处使用的是“画图”软件创建的一个 png 格式的图像，然后使用“插入”选项卡→“图像”命令插入，再使用图像的“拖曳”点调整到适当大小及位置。

6. 保存自己创建的图纸族。

八、图纸生成与输出

1. 执行“视图”选项卡→“图纸”命令，在打开的“新建图纸”对话框中，选择“A3 公制”或加载入自己创建的图纸再选择它，此时会新出现一个“未命名”的图纸视图。

2. 在“项目浏览器”窗口中，用鼠标拖动“楼层平面”下的“1F”到创建的“未命名”的图纸视图中间适当位置。

3. 在图纸空白处点击一下鼠标，此时“属性”窗口显示为“图纸”，修改此处的“图纸编号”为“01”，修改“图纸名称”为“一层平面图”。

4. 用鼠标点取图纸中拖动过来的一层平面图内容，此时“属性”窗口变为“视口”，将此处“属性”窗口的“剪裁视图”的选项打钩，此时最上面的“修改|视口”选项卡中自动添加了一个“尺寸剪裁”命令。

5. 执行“尺寸剪裁”命令，出现如图 6-47 所示的对话框，修改其中的参数如图 6-47 所示。

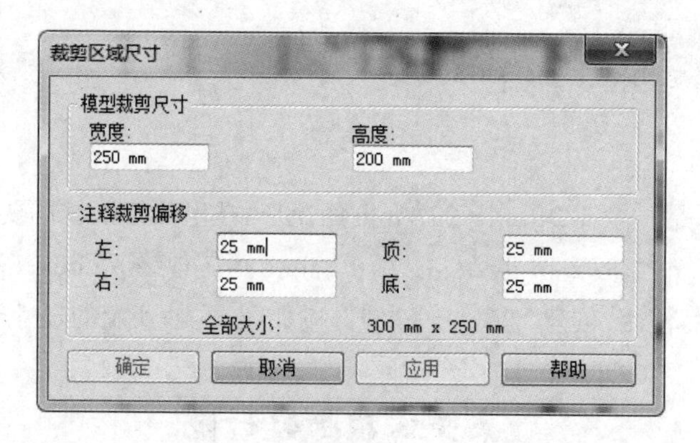

图 6-47

6. 再点中图纸中一层平面图的内容，修改下面图名中的线的长短，并将其移动到适当位置，且使用“注释”选项卡中的“文字”添加“1：100”到适当位置，结果如图 6-48 所示。

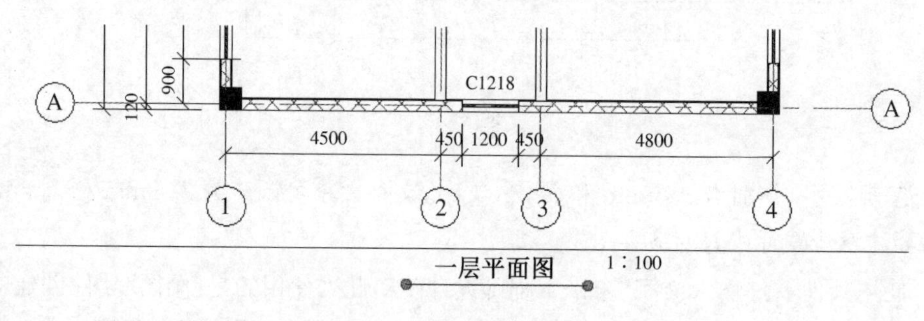

图 6-48

7. 执行“文件”→“打印”→“打印设置”，根据要打印的图纸大小，设置相应的数据，如图 6-49 所示，设置后，通过“打印预览”观看要出图的效果，符合要求后执行“打印”。

最后二层小楼的三维立体效果图如图 6-35 所示。

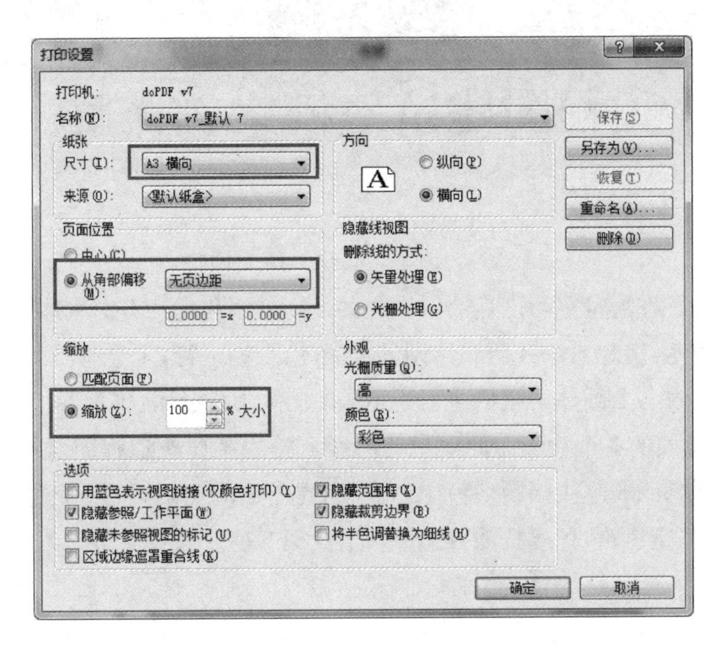

图 6-49

项目七

工程图建筑建模案例详解

图形绘制方面，在大量练习之后会对软件的使用方法与技巧有深刻体会，在此建议读者多加练习，勤于思考，多想方法技巧和绘制的可能性，长期坚持，定会有质的飞跃。

前面，我们通过各个载体讲授的主要是 Revit 软件命令运用，下面我们通过案例来灵活运用 Revit 建筑建模的各个功能。此案例为一个联排别墅建筑工程图，按工程要求分楼层解析绘制过程，遇到问题解决问题，特别是族和内建模型的创建，希望通过此案例的解析过程，来抛砖引玉，拓宽思路，积攒技能，提升水平。（图 7-1～图 7-12）

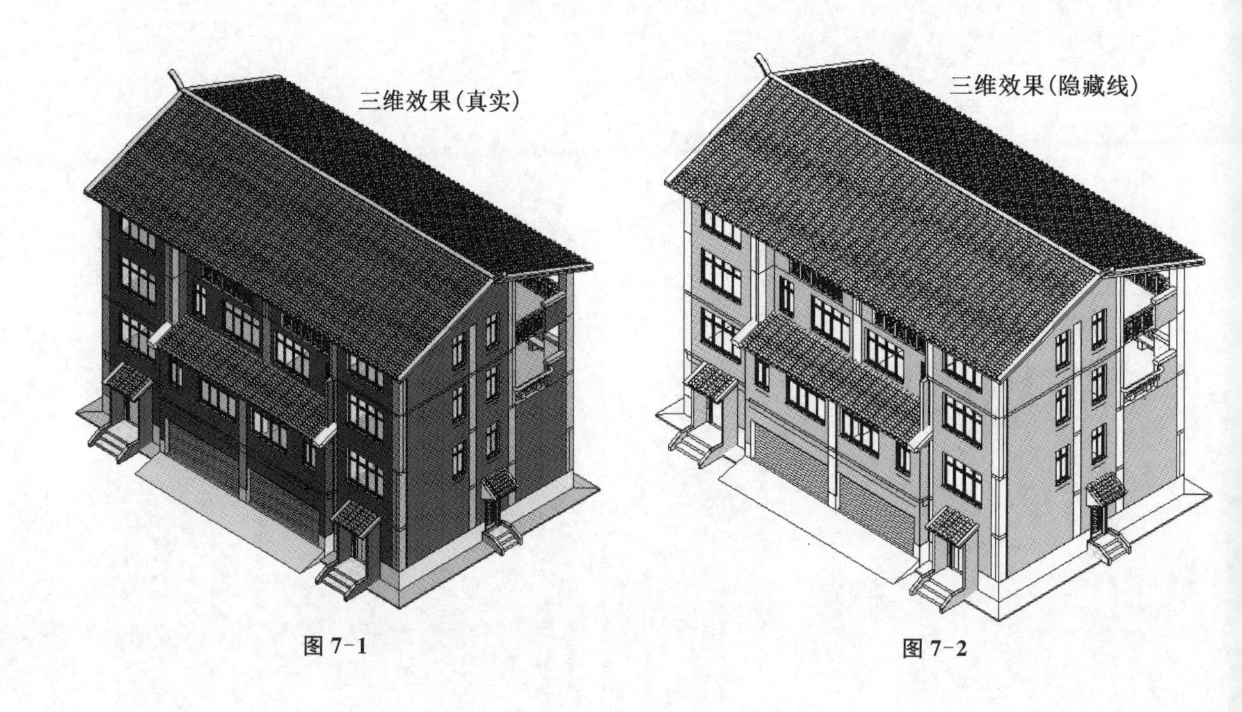

图 7-1　　图 7-2

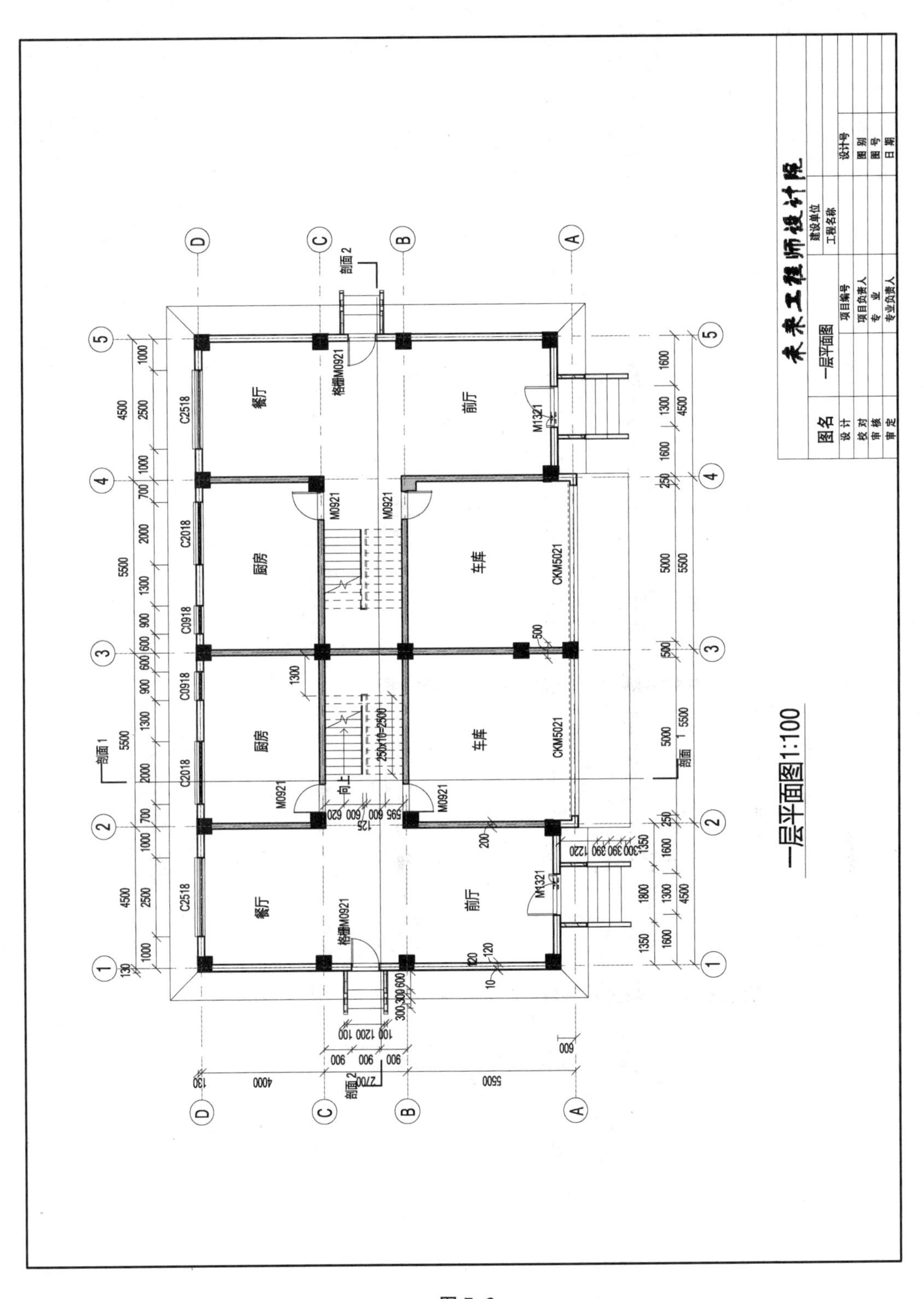
一层平面图1:100
未来工程师设计院
图名
一层平面图
餐厅
厨房
前厅
车库
格栅M0921
M0921
M1321
CKM5021
C2518
C2018
C0918
向上
剖面 1
剖面 2

图 7-3

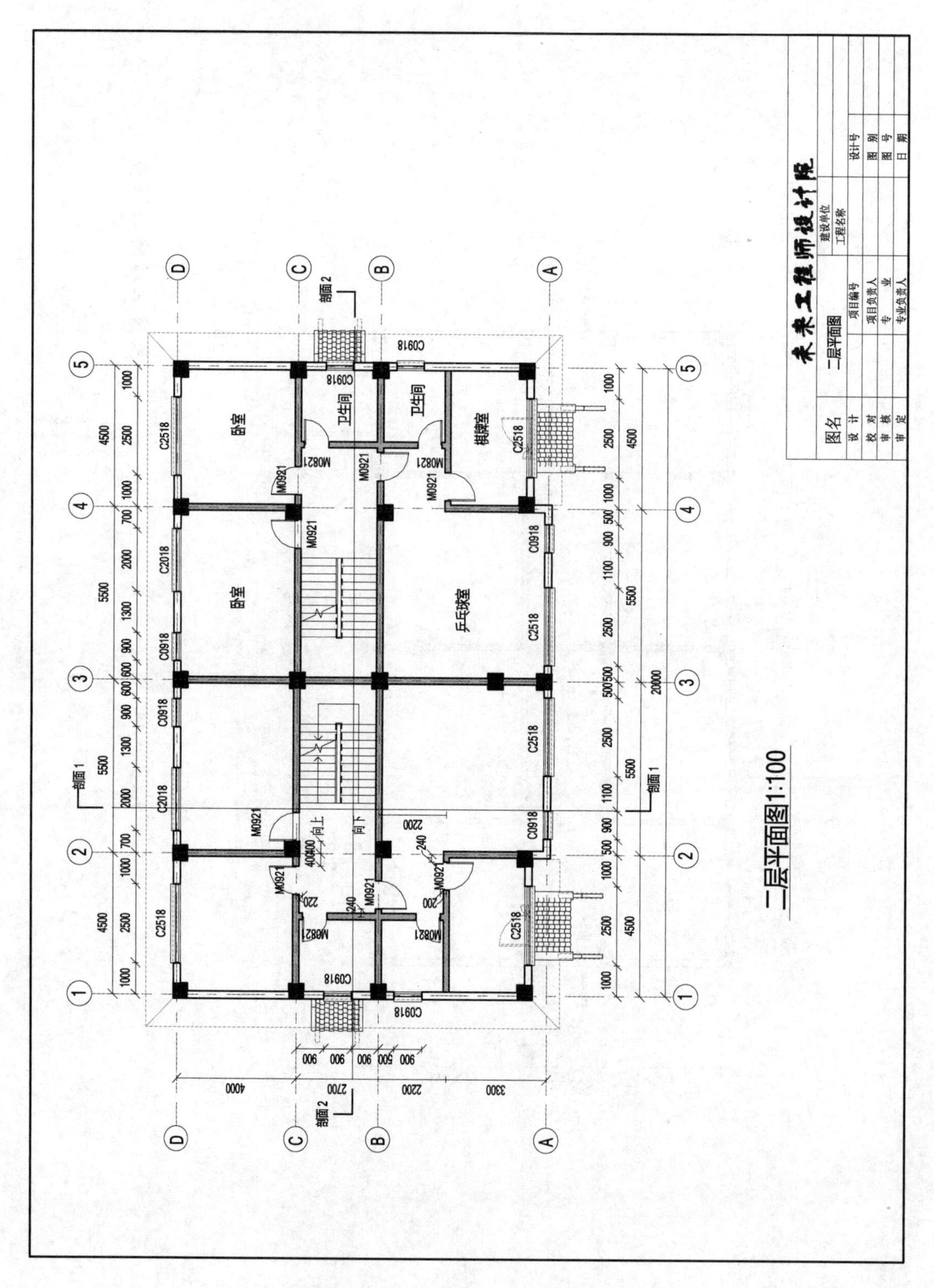
二层平面图1:100
未来工程师设计院
图名
二层平面图
建设单位
工程名称
设计号
图别
图号
日期
项目编号
项目负责人
专业
专业负责人
设计
校对
审核
审定
卧室
卧室
卫生间
卫生间
棋牌室
乒乓球室
向上
向下
剖面1
剖面2
C2518
C2018
C0918
M0921
M0821
A
B
C
D
1
2
3
4
5
4500
5500
20000
4000
2700
2200
3300

图 7-4

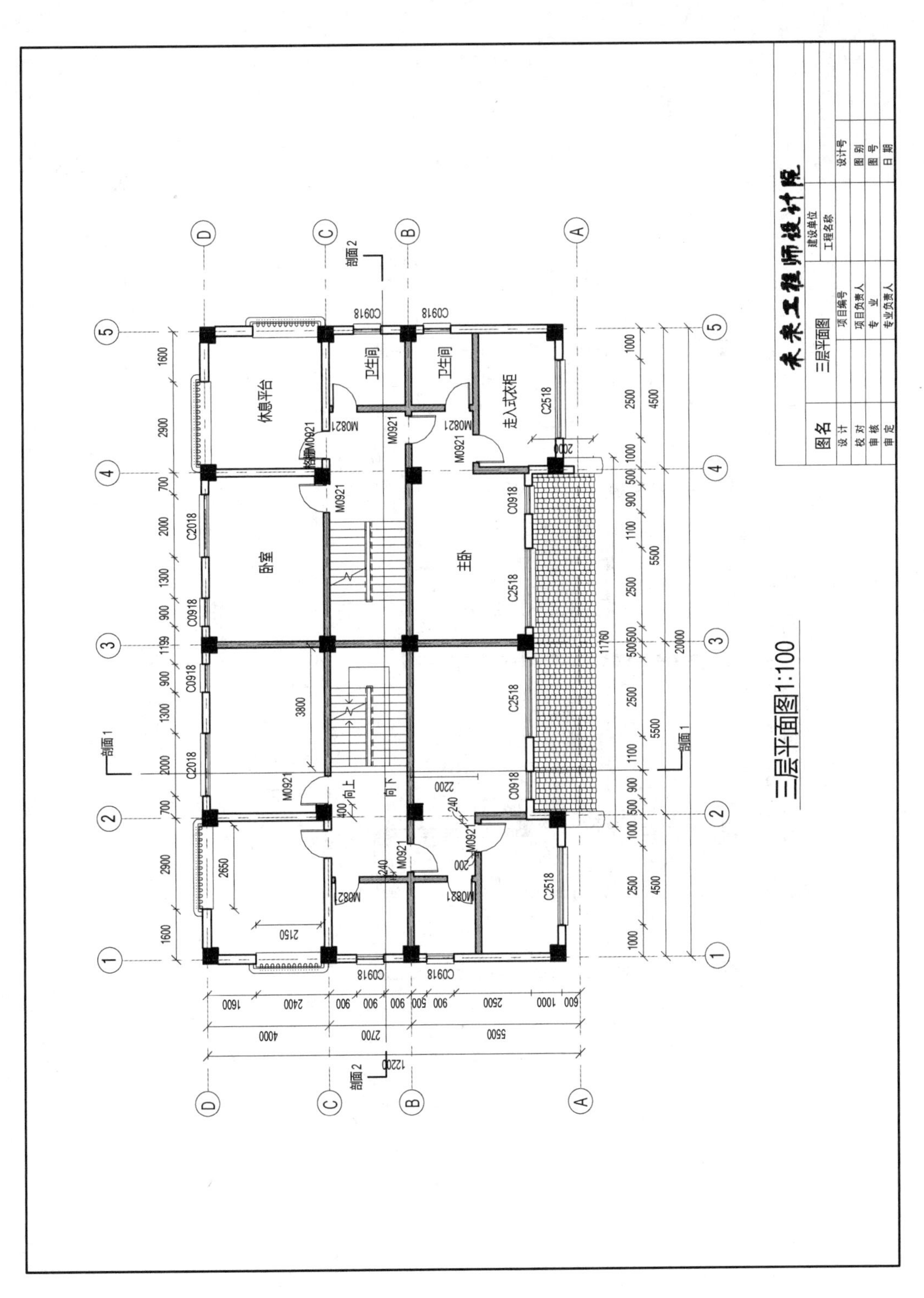

未来工程师设计院
建设单位
工程名称
图名
三层平面图
设计
校对
审核
审定
项目编号
项目负责人
专业
专业负责人
设计号
图别
图号
日期
三层平面图1:100
休息平台
卧室
主卧
卫生间
卫生间
走入式衣柜
向上
向下
剖面1
剖面2
C0918
C2518
C2018
M0921
M0821

图 7-5

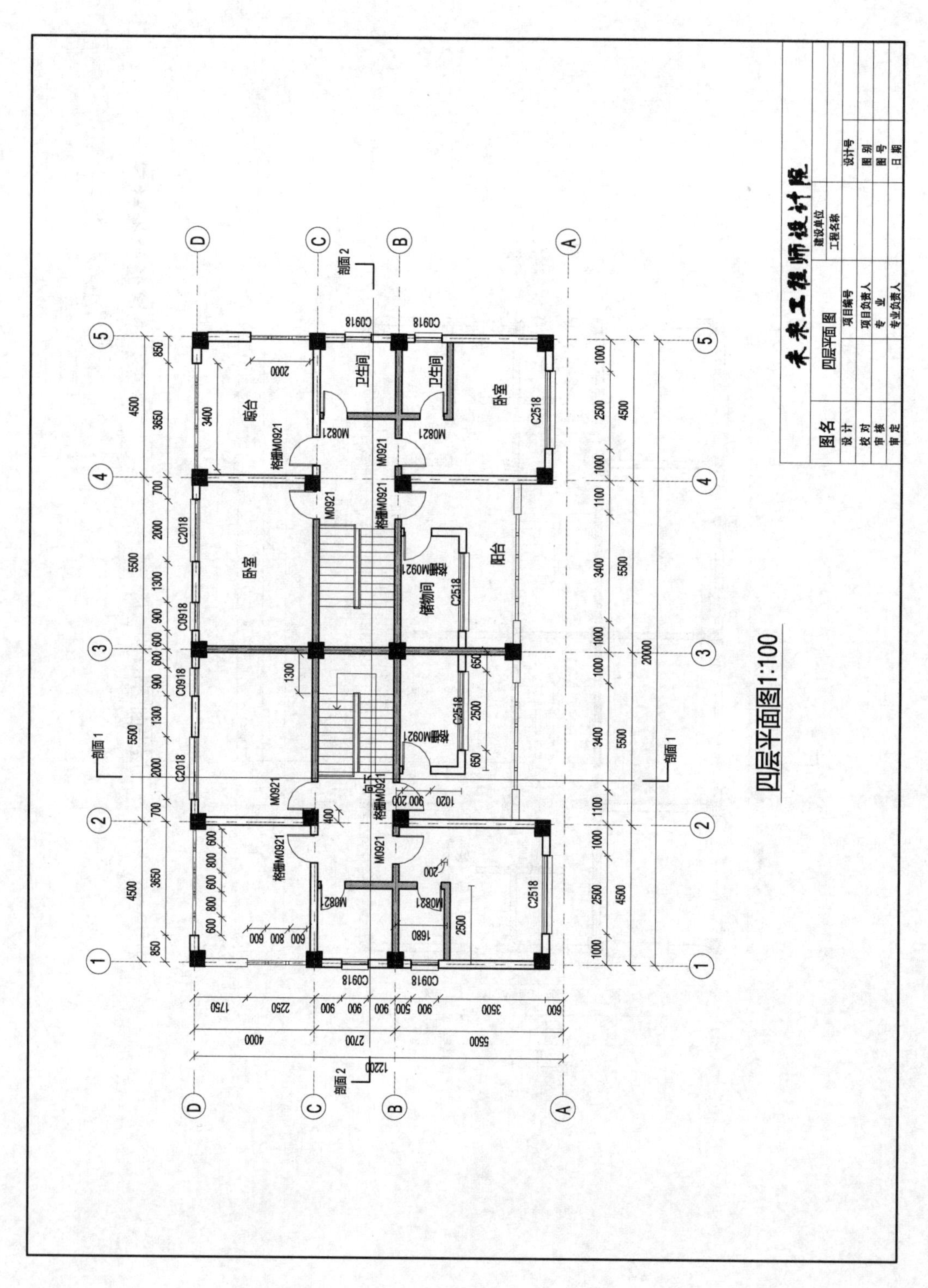
未来工程师设计院
四层平面图1:100
图名
四层平面图
建设单位
工程名称
设计号
项目编号
项目负责人
专业
专业负责人
设计
校对
审核
审定
图别
图号
日期
卧室
阳台
晒台
卫生间
储物间
剖面1
剖面2

图 7-6

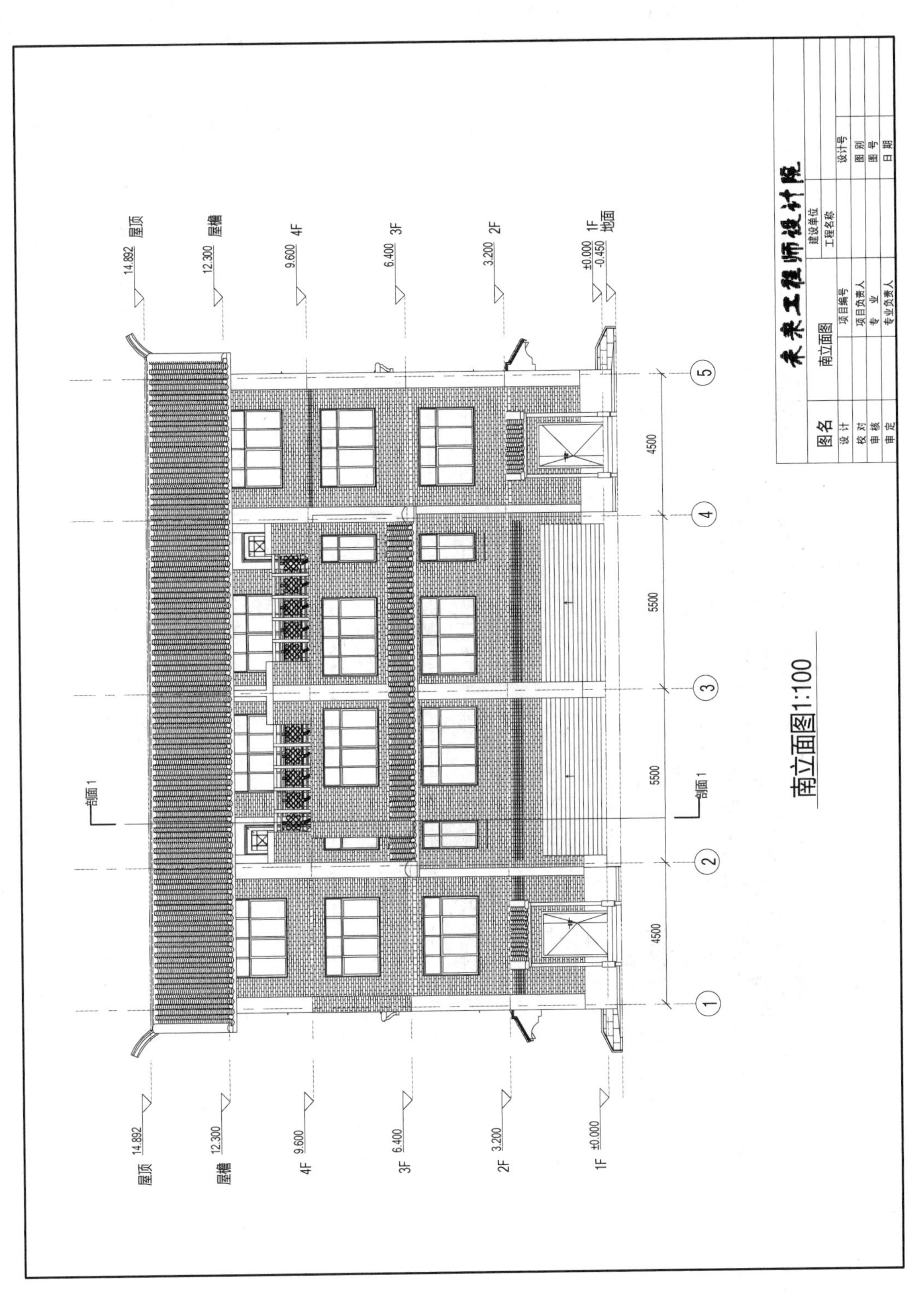
南立面图1:100
未来工程师设计院
图名
南立面图
设计
校对
审核
审定
项目编号
项目负责人
专业
专业负责人
建设单位
工程名称
设计号
图别
图号
日期
屋顶 14.892
屋檐 12.300
4F 9.600
3F 6.400
2F 3.200
1F ±0.000
地面 -0.450
4500
5500
5500
4500
1
2
3
4
5
剖面1
剖面1

图 7-7

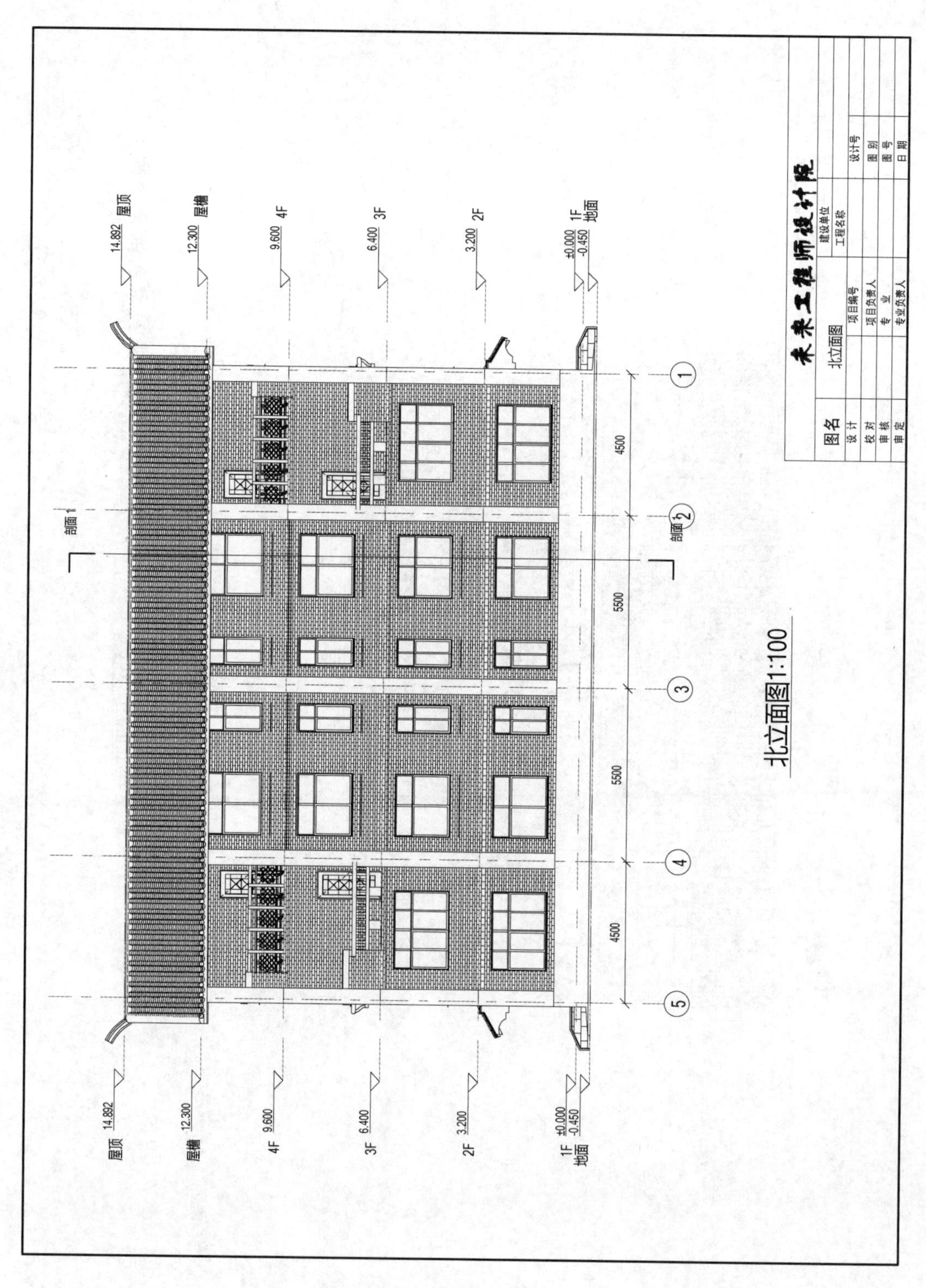

北立面图1:100
屋顶
14.892
屋檐
12.300
4F
9.600
3F
6.400
2F
3.200
1F
±0.000
地面
-0.450
部面 1
部面 2
1
2
3
4
5
4500
5500
5500
4500
未来工程师设计院
图名
北立面图
设计
校对
审核
审定
项目编号
项目负责人
专业
专业负责人
建设单位
工程名称
设计号
图别
图号
日期

图 7-8

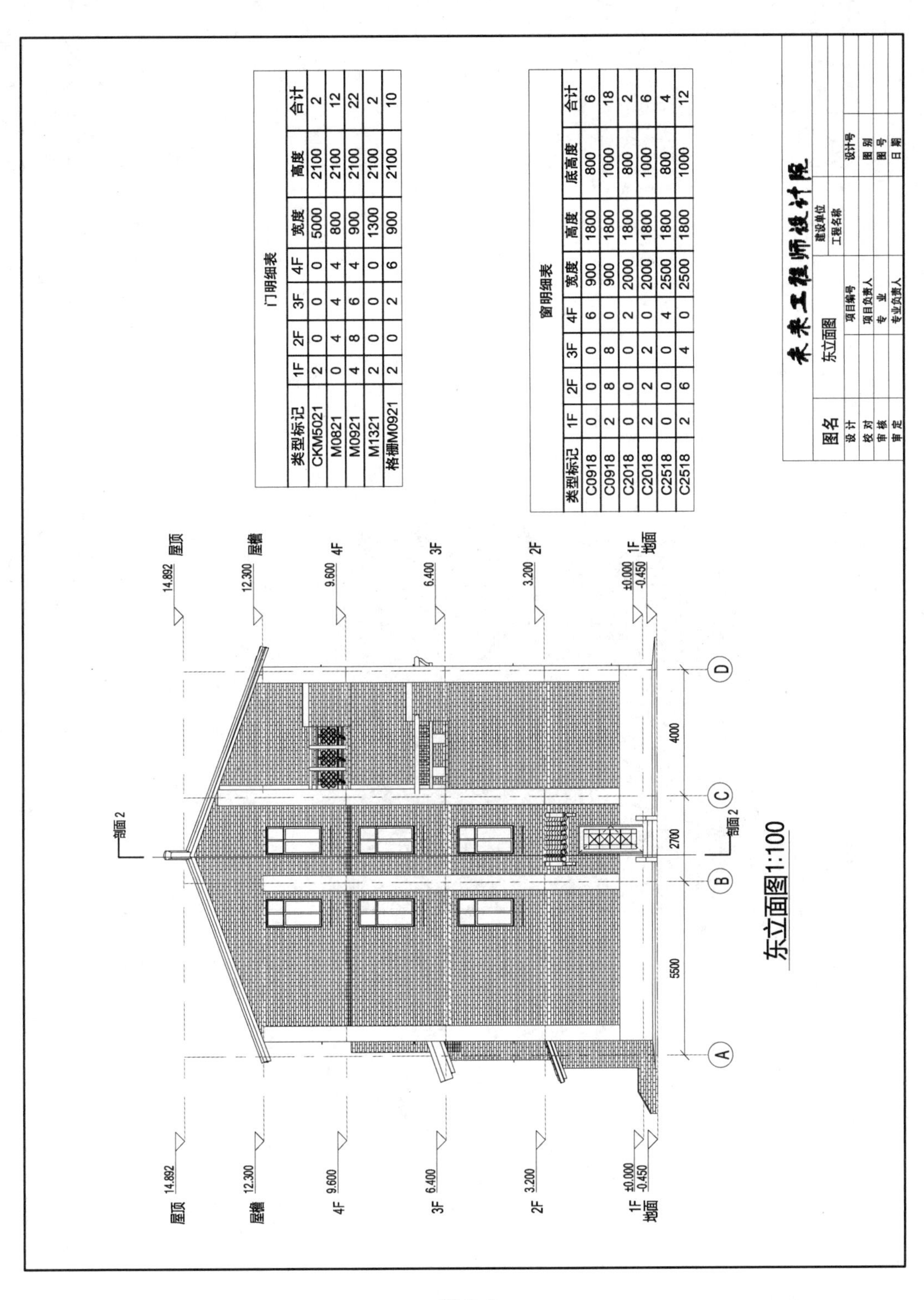

门明细表

类型标记	1F	2F	3F	4F	宽度	高度	合计
CKM5021	2	0	0	0	5000	2100	2
M0821	0	4	4	4	800	2100	12
M0921	4	8	6	4	900	2100	22
M1321	2	0	0	0	1300	2100	2
格栅M0921	2	0	2	6	900	2100	10

窗明细表

类型标记	1F	2F	3F	4F	宽度	高度	底高度	合计
C0918	0	0	0	6	900	1800	800	6
C0918	2	8	8	0	900	1800	1000	18
C2018	0	0	0	2	2000	1800	800	2
C2018	2	2	2	0	2000	1800	1000	6
C2518	0	0	0	4	2500	1800	800	4
C2518	2	6	4	0	2500	1800	1000	12

图 7-9

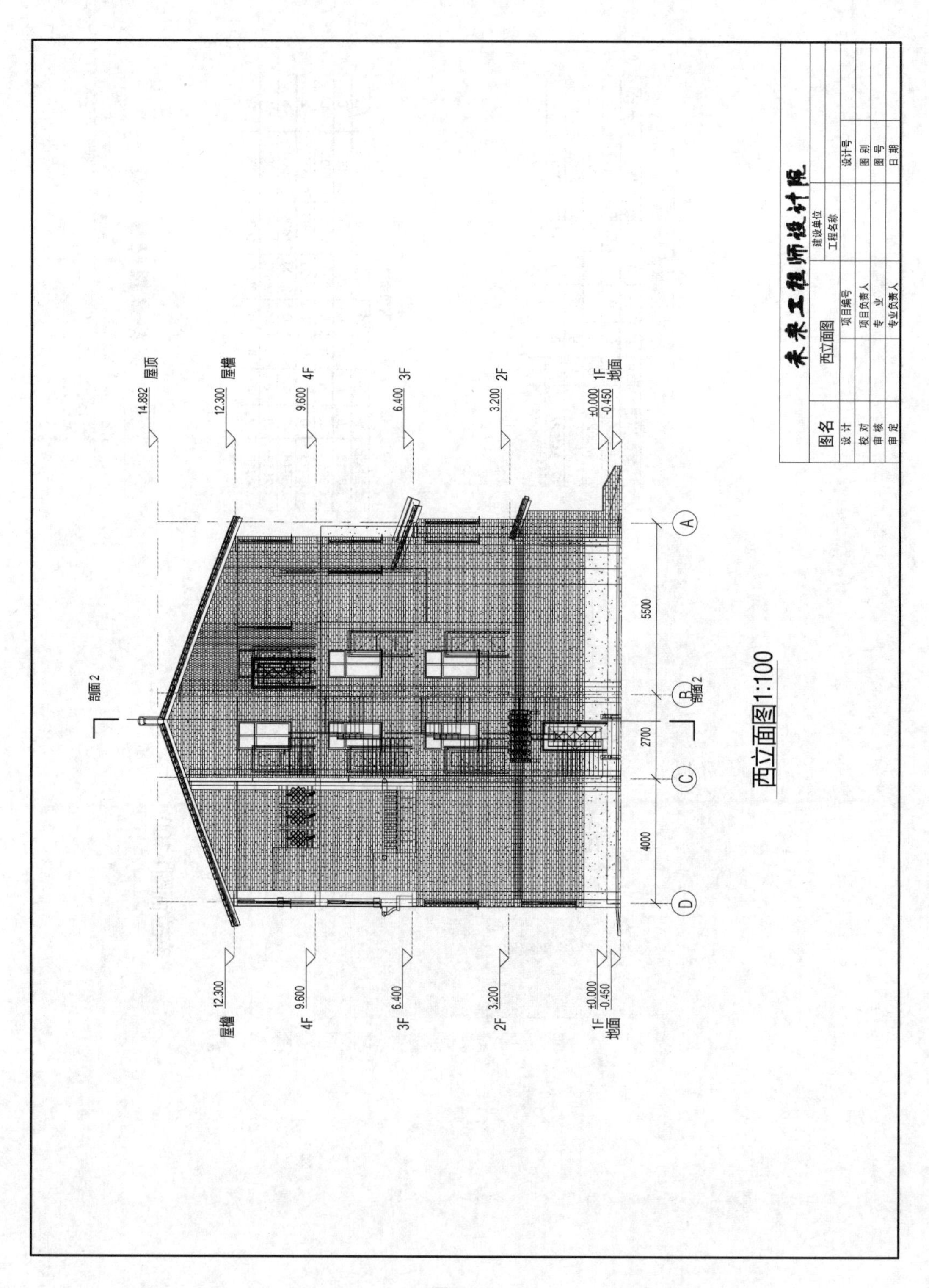
屋顶
14.892
屋檐
12.300
4F
9.600
3F
6.400
2F
3.200
1F
±0.000
地面
-0.450
剖面 2
A
B
C
D
5500
2700
4000
西立面图1:100
未来工程师设计院
图名
西立面图
建设单位
工程名称
项目编号
设计号
设计
校对
审核
审定
项目负责人
专 业
专业负责人
图别
图号
日期

图 7-10

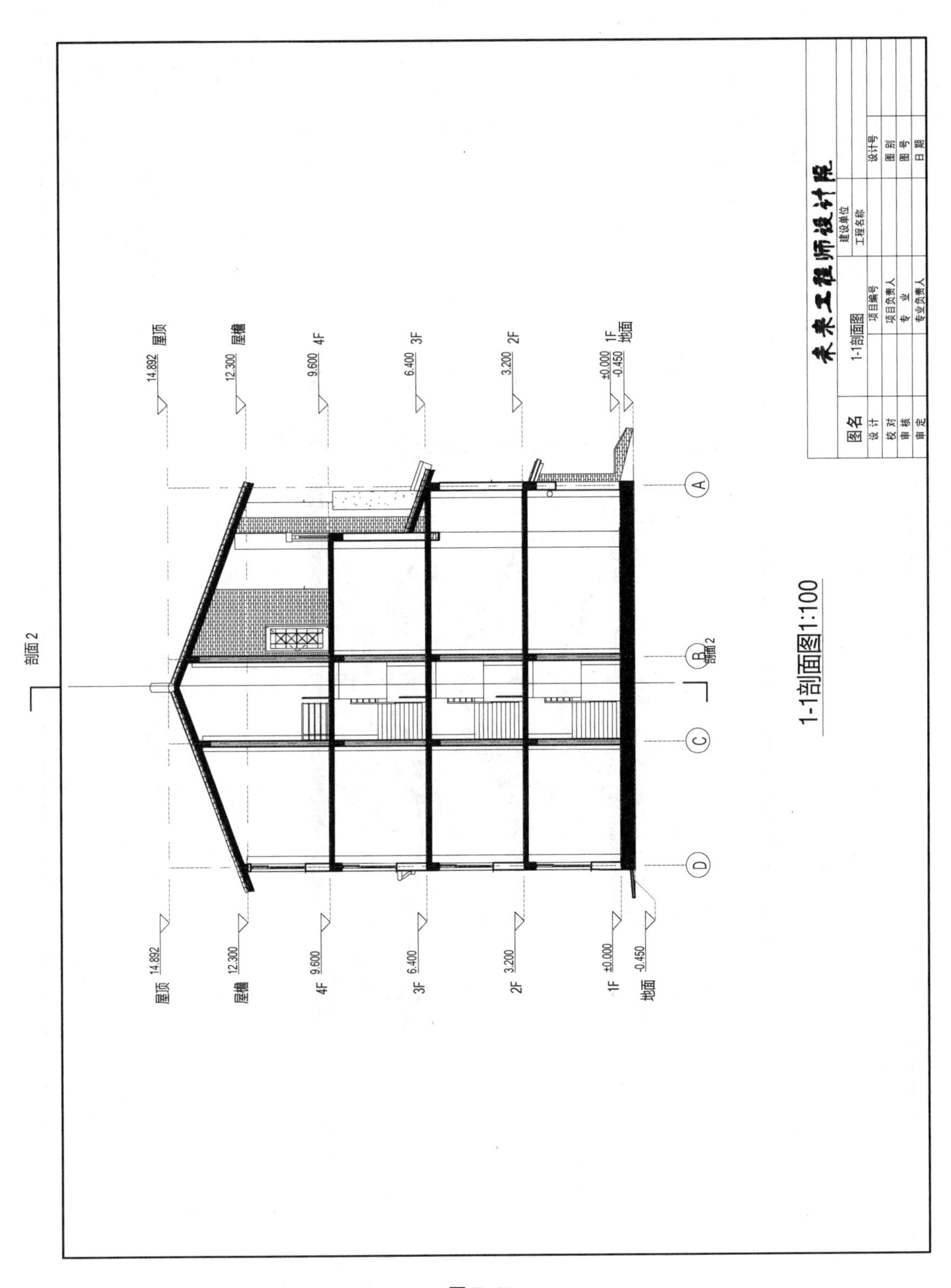
剖面2
屋顶 14.892
屋檐 12.300
4F 9.600
3F 6.400
2F 3.200
1F ±0.000
地面 -0.450
A
B
C
D
剖面2
1-1剖面图1:100
某某工程师设计院
图名
1-1剖面图
设计
校对
审核
审定
项目编号
项目负责人
专业
专业负责人
建设单位
工程名称
设计号
图别
图号
日期

图 7-11

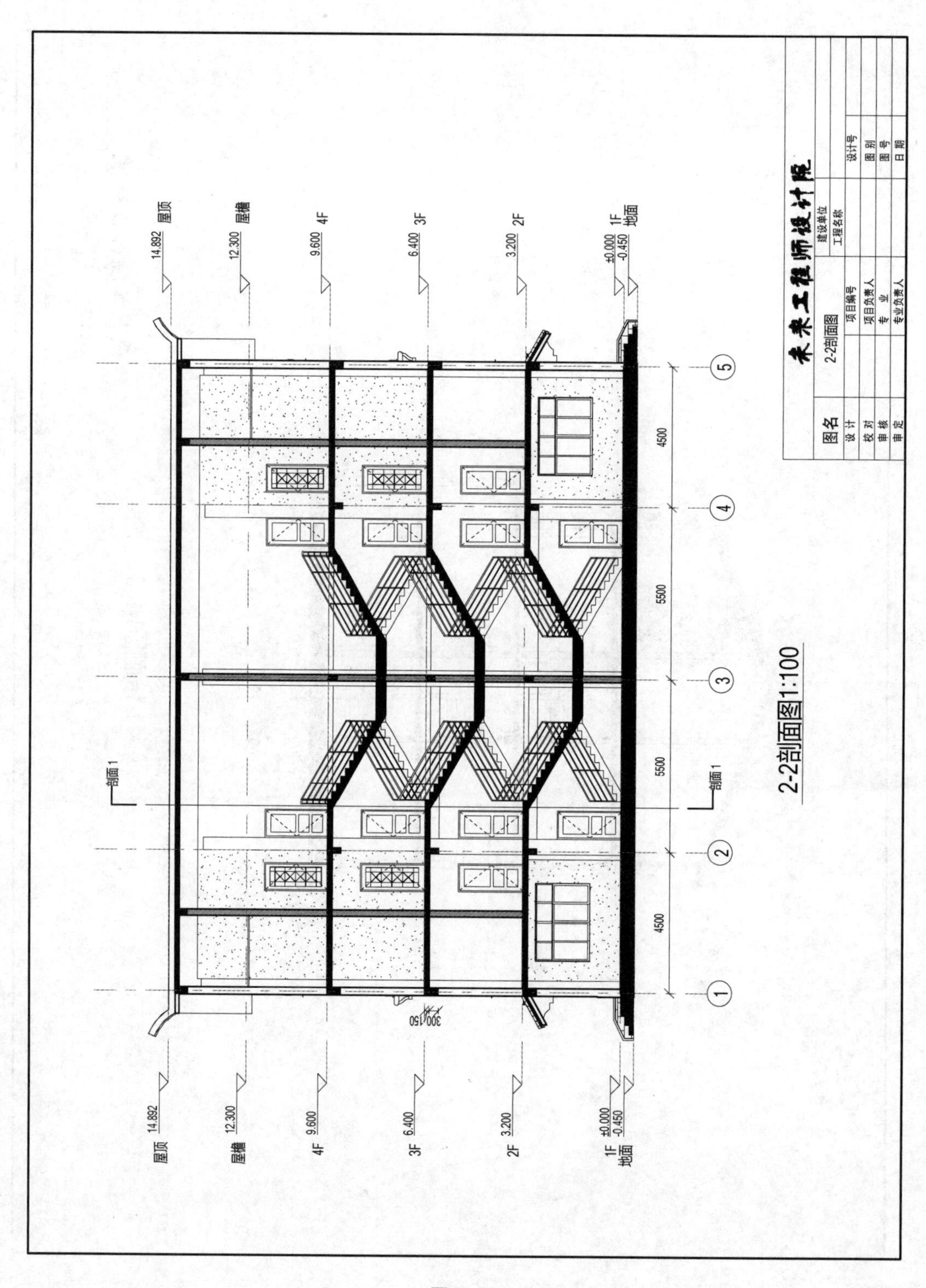
2-2剖面图1:100
屋顶 14.892
屋檐 12.300
4F 9.600
3F 6.400
2F 3.200
1F ±0.000
地面 -0.450
4500
5500
5500
4500
剖面 1
未来工程师设计院
图名
2-2剖面图
建设单位
工程名称
设计号
项目编号
图别
图号
日期
设计
校对
审核
审定
项目负责人
专业
专业负责人

图 7-12

第一节 一层图形绘制

一、绘制层高与轴网

操作过程：

1. 新建“建筑样板”类的项目。

2. 使用前面所学习的方法，在“项目浏览器”中的南立面，绘制如图 7-7 所示的标高线，并转化为相应的楼层平面。

3. 进入地面楼层平面，按如图 7-3 所示一层平面图的轴网数据绘制轴网。

4. 标注相应的尺寸。

二、柱子设置与绘制

操作过程：

1. 使用“建筑”选项卡→“柱”→“柱：建筑”，在“属性”窗口中选择其中的任一个尺寸的**矩形柱**后，点击“编辑类型”，在出现的对话框“类型属性”中，复制产生 500×500 规格的矩形柱，并修改尺寸标注中的“深度”和“宽度”均为 500，加载材质“混凝土，现场浇注- C60”(如图 7-13 所示，如没有此材质库，请自己在材质浏览器对话框的左下角，点击新建材质，材质的外观颜色为{191，179，173})后，设置 500×500 矩形柱的材质为该材质。

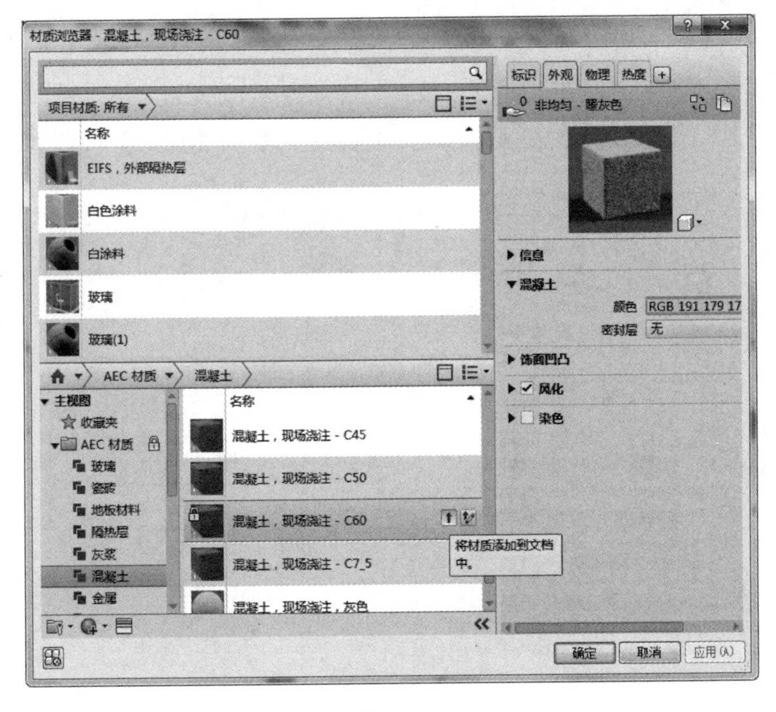

图 7-13

2. 设置“属性”窗口中柱子的“底部标高”为“地面”,“顶部标高”为“2F”。

3. 在轴线的相关位置处点击绘制柱子,目前只要大致位置,等待墙体绘制后使用对齐命令移到精确位置。

三、墙体设置与绘制

1. 设置外墙

1) 无勒脚外墙

使用系统自带的外墙“CW102-50-100P”进行修改,按图 7-14 所示命名及相关设置设置材质及数据建立无勒脚外墙。

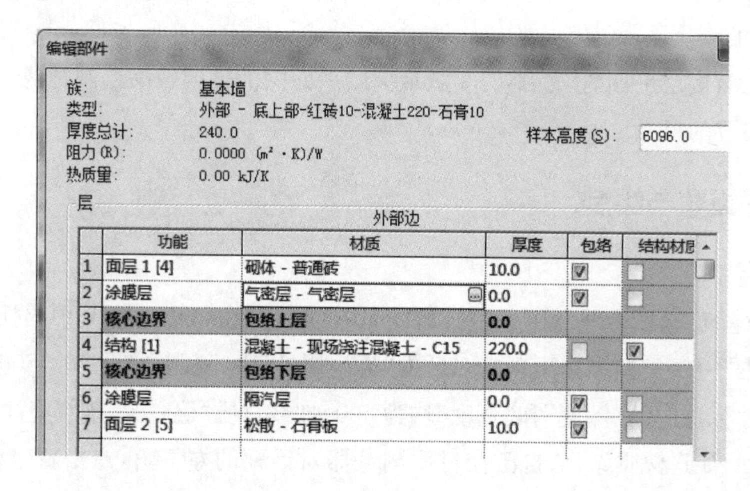
编辑部件

族: 基本墙
类型: 外部 - 底上部-红砖10-混凝土220-石膏10
厚度总计: 240.0　　样本高度(S): 6096.0
阻力(R): 0.0000 (m²·K)/W
热质量: 0.00 kJ/K

层

外部边

	功能	材质	厚度	包络	结构材质
1	面层 1 [4]	砌体 - 普通砖	10.0	☑	☐
2	涂膜层	气密层 - 气密层	0.0	☑	☐
3	核心边界	包络上层	0.0		
4	结构 [1]	混凝土 - 现场浇注混凝土 - C15	220.0	☐	☑
5	核心边界	包络下层	0.0		
6	涂膜层	隔汽层	0.0	☑	☐
7	面层 2 [5]	松散 - 石膏板	10.0	☑	☐

图 7-14

2) 有勒脚外墙

请按图 7-15 所示的材质和数据设置勒脚外墙的底部,如果此处没有大理石材质,请自己在材质浏览器中新建材质,并从网上下载大理石图片,设置相应的外观即可,其操作如下:

编辑部件

族: 基本墙
类型: 外部 - 底下部-大理石20-混凝土220-石膏10
厚度总计: 250.0　　样本高度(S): 6096.0
阻力(R): 0.0000 (m²·K)/W
热质量: 0.00 kJ/K

层

外部边

	功能	材质	厚度	包络	结构材质
1	面层 1 [4]	大理石	20.0	☑	☐
2	涂膜层	气密层 - 气密层	0.0	☑	☐
3	核心边界	包络上层	0.0		
4	结构 [1]	混凝土 - 现场浇注混凝土 - C15	220.0	☐	☑
5	核心边界	包络下层	0.0		
6	涂膜层	隔汽层	0.0	☑	☐
7	面层 2 [5]	松散 - 石膏板	10.0	☑	☐

图 7-15

(1) 点击如图 7-15 所示的“面层 1”右侧的材质框，会在右侧出现带三个小点的按钮，点击此按钮，打开“材质浏览器”窗口。

(2) 点击左下侧的“新建材质”，会在上面的材质名称中出现“默认新材质”，在此上按鼠标右键，将其改名为“大理石”。

(3) 点击此时右侧右上角的“外观”选项卡，点击空白的“图像”区域，加载从网上下载的大理石图片。

然后设置叠层墙，勒脚外墙底部高度为 1200 mm，上部使用本节中设置的无勒脚外墙且为可变墙体，方法类同图 4-9 至图 4-13 所示。

2. 设置内墙

请选择“基本墙-常规- 200 mm -实心”，进行相应的修改，并按图 7-16 所示的名称、材质及数据设置内墙。

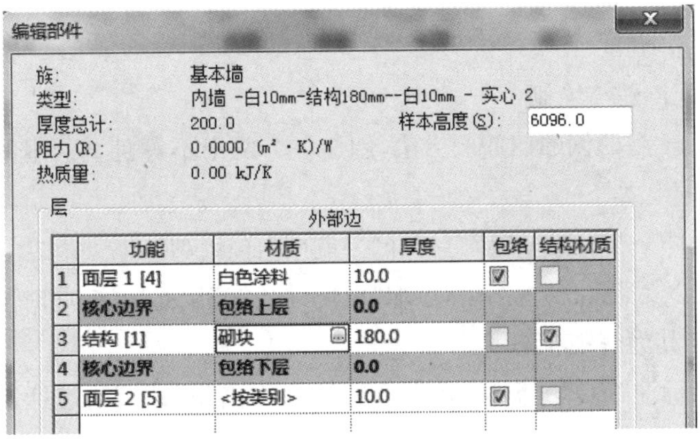

编辑部件

族: 基本墙
类型: 内墙 -白10mm-结构180mm--白10mm - 实心 2
厚度总计: 200.0　样本高度(S): 6096.0
阻力(R): 0.0000 (m²·K)/W
热质量: 0.00 kJ/K

层

外部边

	功能	材质	厚度	包络	结构材质
1	面层 1 [4]	白色涂料	10.0	☑	☐
2	核心边界	包络上层	0.0		
3	结构 [1]	砌块	180.0	☐	☑
4	核心边界	包络下层	0.0		
5	面层 2 [5]	<按类别>	10.0	☑	☐

图 7-16

此处“砌块”材质为新建材质，修改此材质的“图形”选项卡中的“截面图填充图案”选项中的“前景”下的“图案”为“实体填充”，颜色为“RGB{192, 192, 192}”。

3. 绘制外墙与内墙

外墙和内墙的“定位线”均按“核心层中心线”与轴线对齐的方式绘制墙体，注意一层墙体的“底部标高”为“地面”，“顶部标高”为“2F”。

四、柱子对齐与填充

1. 选择某一个不在精确位置的矩形柱后，执行此时出现的选项卡“修改|柱”中的“对齐”命令，按如图 7-17 所示实现对齐，注意操作时按“Tab”键切换来实现对 1 和 3 位置线的捕捉；其余对齐的方法类同。

2. 柱子对齐一目标位置后，此时柱子的平面填充颜色不是黑色，我们使用“项目浏览器”窗口中的“族”→“详图项目”→“填充区域”→“实体填充-黑色”，将其拖动到绘图区中时，此时会新出现“修改|创建填充区域边界”选项卡，使用其中的矩形绘制一个 500×500 的矩

形，然后将此矩形进行多个复制，并移动到相应的矩形柱上。

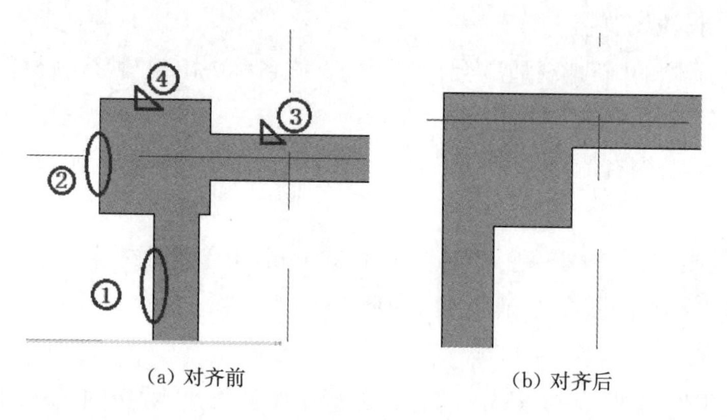

(a) 对齐前　　(b) 对齐后

图 7-17

五、绘制门

1. 不等宽门族创建与绘制

利用前面我们学习的创建门族的方法，创建一个两扇不等且宽门扇的扇宽可变的双开门族，其创建操作过程如下：

(1) 执行“文件”→“新建”→“族”，打开“公制门”样板文件。

(2) 在出现的“参照标高”视图中，点取“宽度＝1000”尺寸标注，此时下面出现锁定状态标识，点击它，改变其为解锁状态。

(3) 点击上面标注“EQ”的标注，此时在标注上方出现“EQ”状态标识，点击它，使其为数据状态。

(4) 移动三个竖向的参考平面中的最左侧，使得左右两个参照平面的间距为 1300，此时上面的标注左侧为 800，右侧为 500。

(5) 点取中间的参照平面，此时此参照平面为锁定状态，修改其为解锁状态后，向左移动 500。

(6) 在“参照标高”视图中，绘制如图 7-18所示的矩形门及开启圆弧，并标注 300，然后点此“300”的标注，在出现锁形状态标识时，点击它，改为锁定状态，并将这些绘制的线改为“门(投影)”(请读者思考：如果不改会有什么问题？如果设置成“不可见线”呢？)。

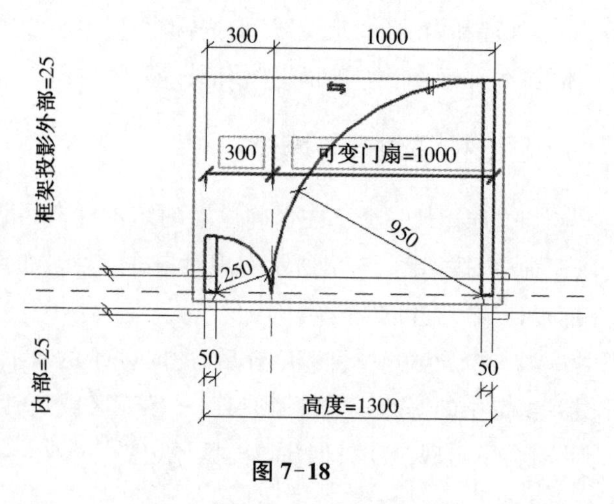

图 7-18

(7) 再标注右侧的 1000 长度，在此时出现的“修改|尺寸标注”选项卡中，点击“创建参数”，在出现的对话框中，新建

族参数名称为“可变门扇”，结果如图 7-19 所示。

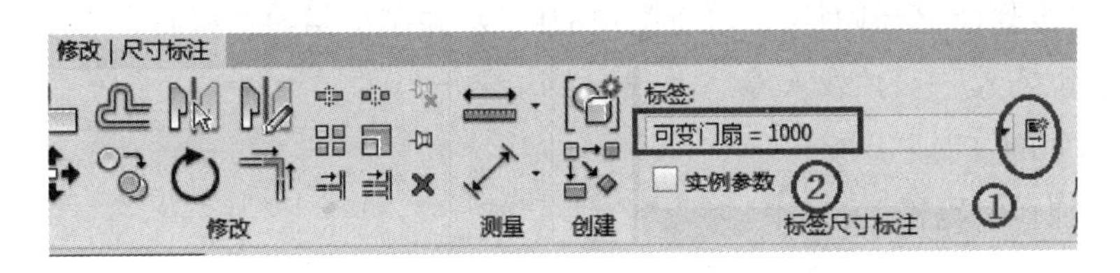

图 7-19

(8) 在立面图中创建矩形立面门扇，此处在“内部”立面视图中创建门板，使用拉伸命令绘制矩形，并在两扇门的矩形其四边与四周的轴线关联上锁，使得门扇宽度和高度随着族参数变化而变化，如图 7-20 所示。

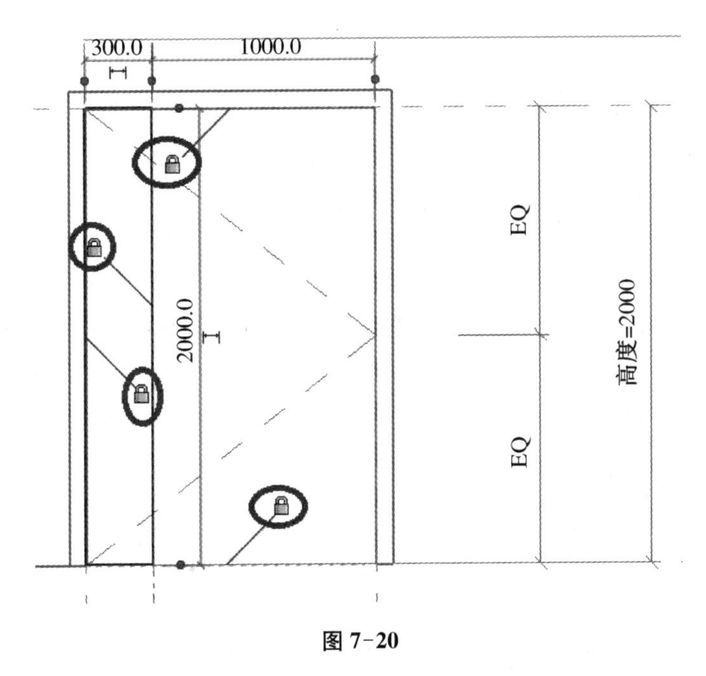

图 7-20

(9) 切换到“参照标高”视图，修改拉伸起点为“－125”，拉伸终点为“－75”，并设定下边与墙中线关联锁定，如图 7-21 所示。

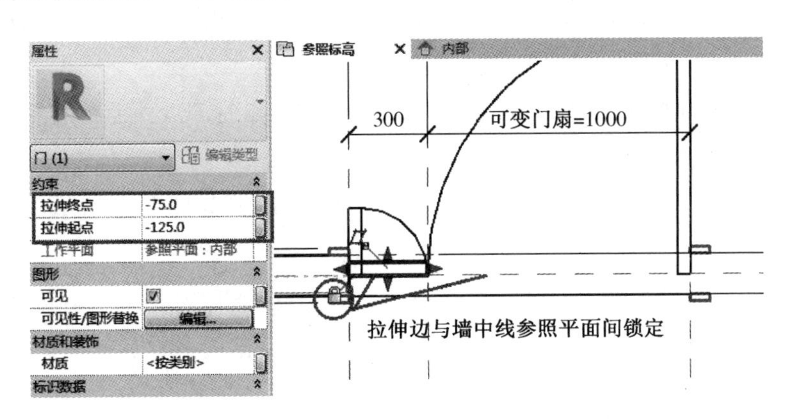

图 7-21

(10) 赋予刚才创建的门板的材质为“不锈钢”。

(11) 重复步骤(8)至(10)绘制可变门扇的门板,并赋予相同的材质。

(12) 执行“插入”中的“载入族”,加载 Revit 系统自带的族库中的“门锁 8”族。

(13) 在“项目浏览器”窗口中,将族“门锁 8”拖到绘图区中,并从“参照标高”和“内部”两个视图中移动调整门锁的位置,如图 7-22 所示。

(14) 点选图中的门锁族图形,在“属性”窗口中,点击“编辑类型”按钮,在出现的对话框中,修改“嵌板厚度”的数据为“50”。

(15) 复制产生另一对门锁,修改图中的斜虚线,并保存族,此处命名为“不等宽双门——小固定 300 -大可变默认 1000”。

(16) 执行“创建”选项卡→“族类型”图标,修改参数“宽度”和“可变门扇”间的关系,设置如图 7-23 所示,此处注意括号为英文半角下的符号。

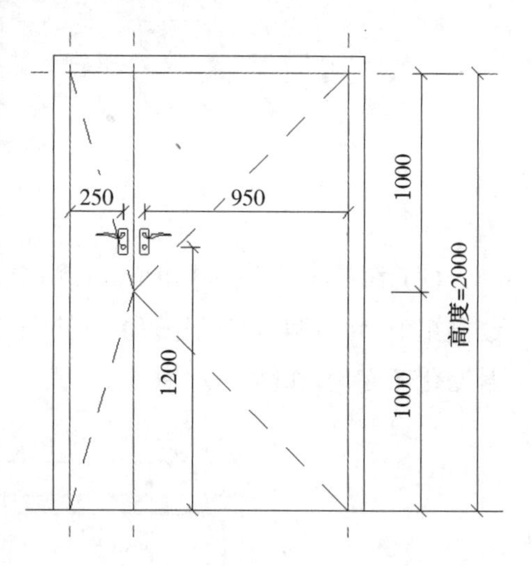

图 7-22

尺寸标注			
可变门扇	1000.0	=	☐
高度	2000.0	=	☑
宽度(默认)	1300.0	=(可变门扇) + 300 mm	☐
粗略宽度		=	☑
粗略高度		=	☑
厚度		=	☑

图 7-23

(17) 在我们原来创建的项目中,加载创建的不等宽门族,然后插入此门到一层建筑平面图中,并在标注尺寸后,调整门到准确位置,并改高度为 2100 mm,类型标记为“M1321”。

2. 从族库中插入其他门族

(1) 加载族“c:\ProgramData\Autodesk\RVT 2019\China\建筑\门\普通门\平开门\单扇\单嵌板格栅门. rfa”和“单嵌板木门 3. rfa”。

(2) 插入“单嵌板格栅门”族中的“900×2100 mm”到如图 7-3 所示的相应位置,并修改其类型标记为“格栅 M0921”。

(3) 插入“单嵌板木门 2. rfa”族中的“900×2100 mm”到如图 7-3 所示的相应位置,并修改其类型标记为“M0921”。

(4) 同样,插入“卷帘门\滑升门. rfa”,并设置宽度为 5000 mm,类型标记为“CKM5021”。

六、绘制窗

此处我们复习使用族嵌套的方式，先创建窗扇族，再创建双开推拉窗族和四开推拉窗族，且此处的窗带窗外台。

1. 窗扇族的创建

操作过程：

(1) 新建族，使用“公制常规模型”，并命名为“窗扇”。

(2) 打开“项目浏览器”窗口→“立面”→“前”立面，在此视图中有竖直两个、水平一个共计三个参照平面，尺寸如图 7-24 所示。

(3) 绘制窗扇边框，使用“创建”选项卡→“放样”命令，利用矩形放样路径，且路径与边界的参照平面关联锁定，放样轮廓使用 30 mm×50 mm的矩形。

(4) 绘制玻璃，使用“创建”选项卡→“拉伸”命令，边框平面与设置拉伸起点为“5”、拉伸终点为“－5”，如图 7-25 所示。

(5) 赋予窗扇边框和玻璃这两个实体材质分别为“铝合金”和“玻璃”。

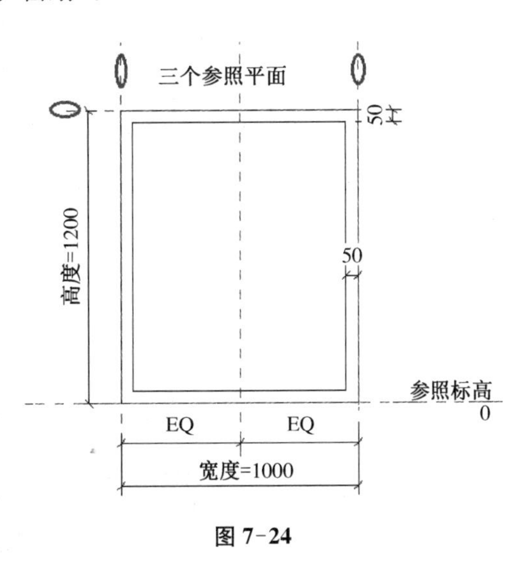

图 7-24

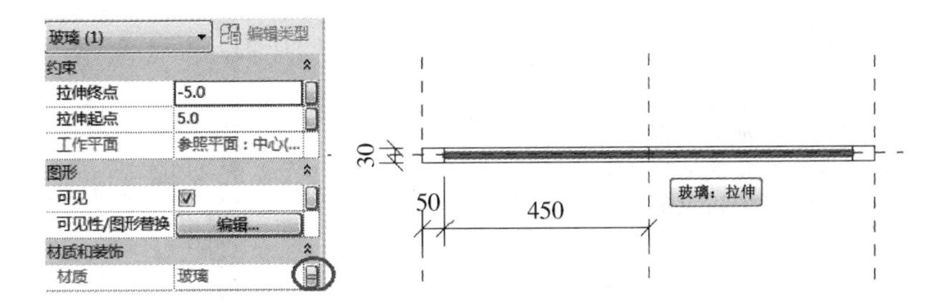

图 7-25

(6) 设置与外界引用时的关联材质，点击如图 7-25所示的材质右边的按钮，出现“关联族参数”对话框，如图 7-26 所示，点击此对话框中的“新建参数”图标按钮，在出现的“参数属性”对话框中，新建名称分别为“玻璃材质”和“边框材质”两个参数，然后选择“玻璃”实体时将其材质与“玻璃材质”参数关联，同样，将“边框”实体与“边框材质”关联。

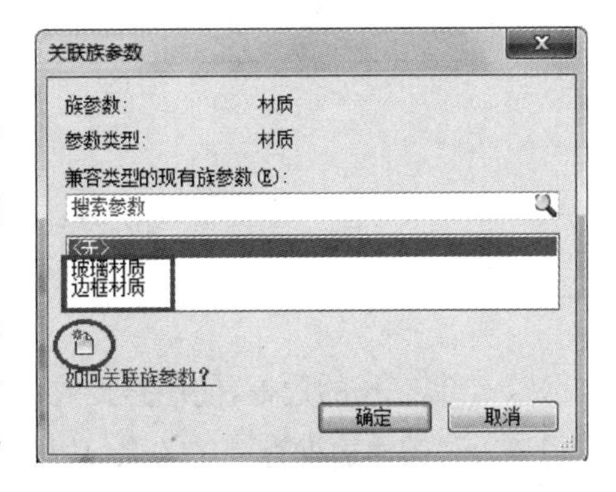

图 7-26

(7) 保存窗扇族并关闭。

2. 带亮子双开推拉窗族的创建

操作过程：

(1) 新建族，使用“公制窗”，保存名称为“有亮子双开推拉窗”。

(2) 修改立面视图中的“默认窗台高度”为“1000”，修改窗的“高度”为“1800”。

(3) 点取墙体，修改墙体高度为“4000”。

(4) 点击“项目浏览器”窗口→“参照标高”，修改此时“属性”窗口→“视图范围”右侧的“编辑”按钮在出现的“视图范围”对话框中，修改“剖切面”偏移值为“1200”。

(5) 窗洞口的窗外框放样，要求绘制路径时与洞口的参照平面锁定关联，放样矩形为 25 mm×80 mm，并在墙体中居中放置。

(6) 先插入原来创建的窗扇族，且移动到相应的位置(从内部视图或左右视图关系看)，注意是两个窗扇，且如图 7-27(a)所示，用尺寸标注后锁定关联，侧面看时两扇以中心参照平面对称，如图 7-27(b)所示。

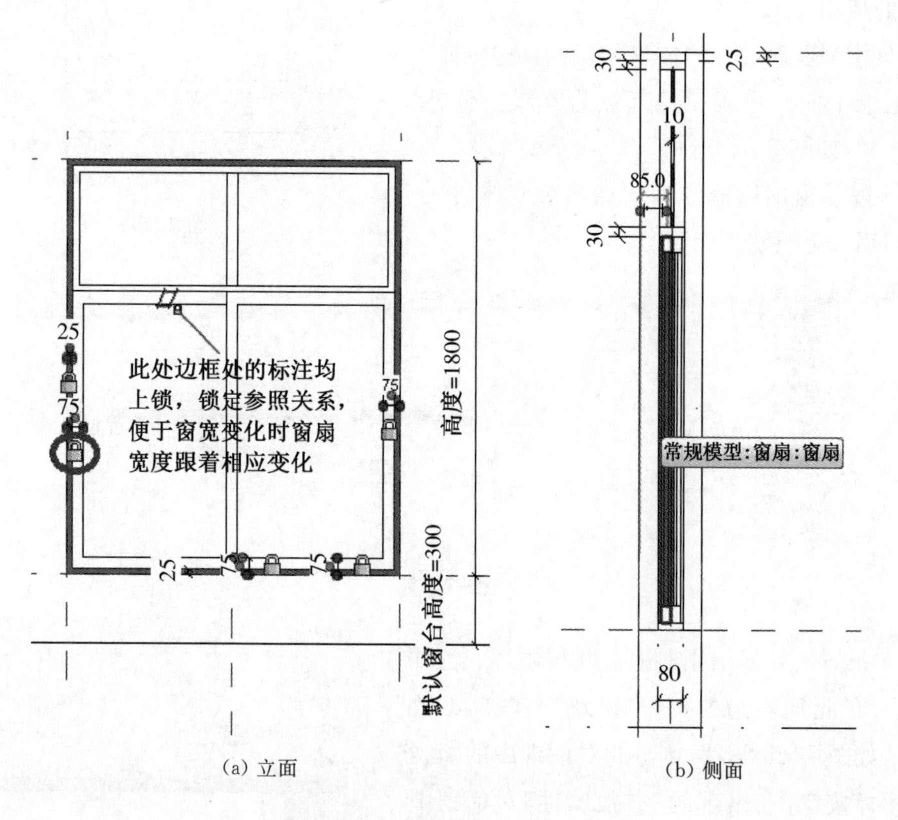

(a) 立面　　(b) 侧面

图 7-27

(7) 绘制亮子的边框，使用路径放样绘制，路径与整个窗户的外框内侧存在三边锁定关联，另一边与窗扇边框存锁定关联，放样的轮廓尺寸为 30 mm×80 mm，并使得产生的实体居于墙体中间，如图 7-27 所示位置。

(8) 绘制竖梃和玻璃，使用拉伸创建实体，竖梃宽 50 mm，厚 80 mm，并在竖梃拉伸前，将轮廓使用标注尺寸与图 7-27 所示的中间竖直参照平面锁定关联。

(9) 绘制亮子处的玻璃，玻璃厚 10 mm，同样要将玻璃拉伸前轮廓与相关的边界锁定关联。

(10) 设定变量关联，按图 7-28 所示的次序，先在“项目浏览器”窗口的族“窗扇”上按鼠标右键，点击弹出的浮动菜单中的“类型属性”项，然后在出现的“类型属性”对话框中，点击“宽度”参数右边的按钮，在出现的“关联族参数”对话框中，点击“新建参数”图标，创建名称为“新窗扇宽度”参数，并选择此参数名称实现关联。

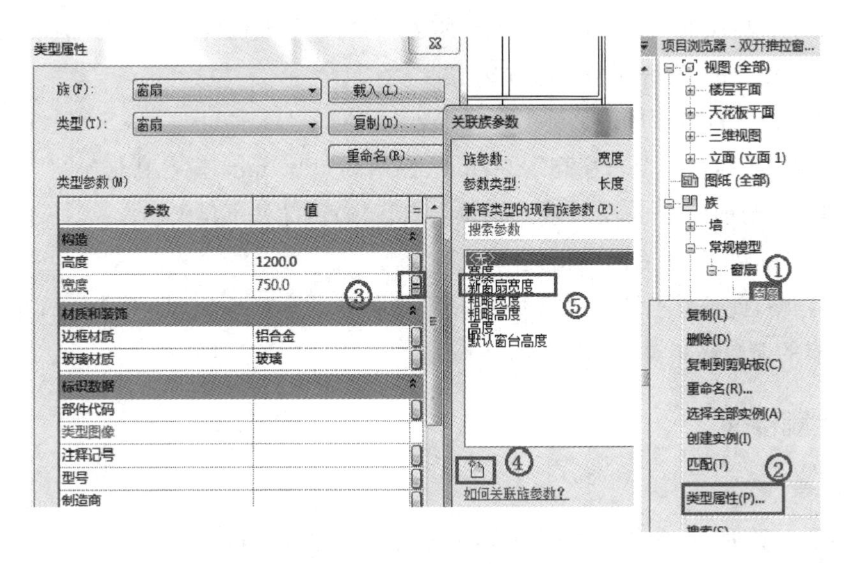

图 7-28

(11) 如图 7-29 所示，点击“族类型”图标命令，在出现的“族类型”对话框中，修改“新窗扇宽度”参数，使用公式“=((宽度)−50)/2+25”，注意此时的括号是英文半角下符号，系统会自动添加单位 mm。

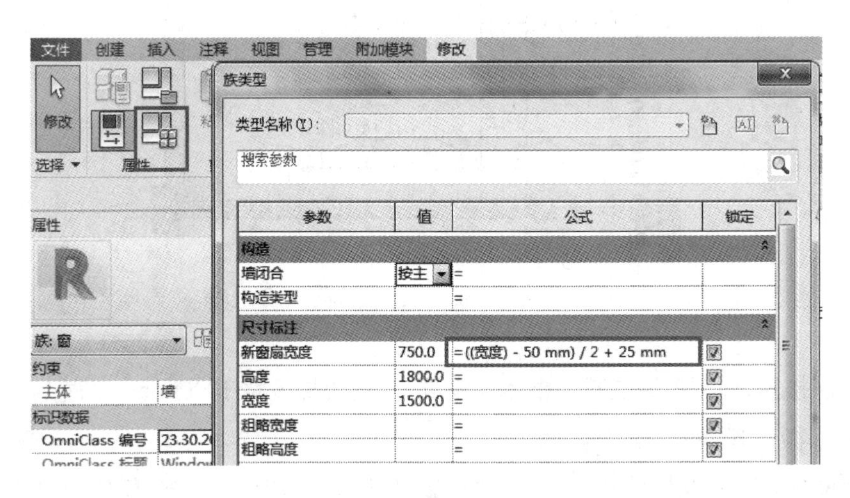

图 7-29

(12) 调整整个窗户的宽度,观看窗扇的宽度是否随之改变。

(13) 绘制外侧窗台,进入"立面"→"左"视图,使用拉伸命令,按图 7-30 所示尺寸绘制一个梯形,并保持与整个窗洞口最下边的铝合金框外侧间锁定关联,其余尺寸锁定,拉伸后,再进入"参照标高"视图,拖动拖曳点到洞口的两侧并关联锁定,最后赋予瓷砖材质。

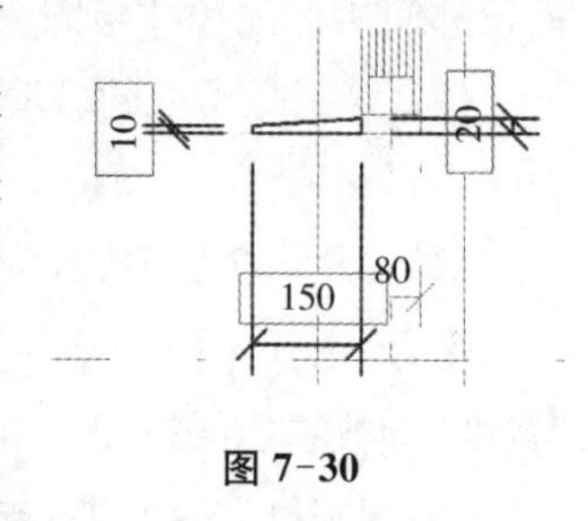

图 7-30

说明:此处窗台可创建内窗台和外窗台,以及窗外贴面等,用户可按此类方法自行发挥。

(14) 未设置材质的实体请设置边框材质为"铝合金",玻璃设置材质为"玻璃"。

(15) 保存创建的"有亮子双开推拉窗"族。

3. 带亮子四开推拉窗族的创建

带亮子四开推拉窗族要求窗高 1800 mm,窗扇高 1200 mm,窗台高与窗宽可调整,其余自定。创建方法与前面类同,有关公式请读者自行推算,此处不再赘述。

4. 插入门窗到 1F 平面图中相关位置

插入过程略,此处要求按图 7-3 所示显示出各自的类型标记,且所有的门底高相对于 1F 为 0,所有的窗台高相对于 1F 为 1000 mm。

七、绘制楼梯

操作过程:

1. 如图 7-31 所示,先绘制参照平面,并根据标注尺寸放置好位置。

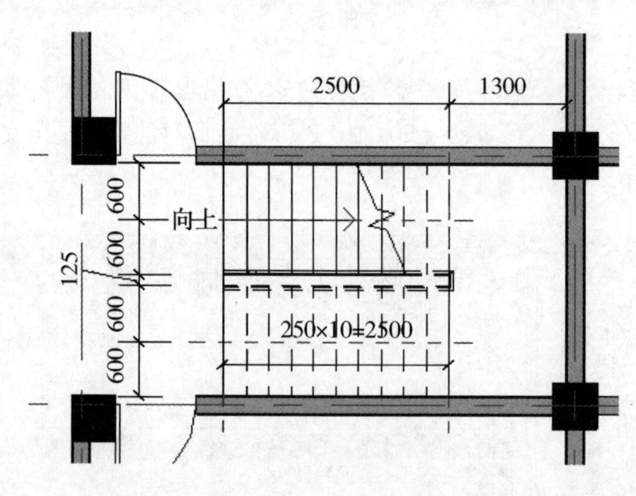

图 7-31

2. 绘制楼梯,使用现浇混凝土整体浇筑方式,设置梯段宽 1200 mm,井宽 125 mm,踏步宽 250 mm, 20 个踏步,层高 3200 mm。

3. 删除楼梯的外侧栏杆扶手,如果用户想改变栏杆扶手,可参看前面学过的相关部分。

4. 调整休息平台处的宽度,使用拖曳方式使得休息平台内边缘与墙体边缘重合。

5. 标注相关的尺寸。

6. 镜像产生对称侧楼梯。

八、绘制楼板

操作过程:

1. 绘制楼地层楼板,此处楼地层楼板厚度为 450 mm,将“楼板:建筑”中的“常规- 300 mm”复制修改为“常规- 450 mm”且结构层修改为“450”。

2. 拾取外墙,生成楼地板。

九、绘制筒瓦族与滴水族

此处注重的是绘制的方法,具体形状和数据可根据要求作适当的变化。

具体操作过程:

1. 新建族,选择“基于屋顶的公制常规模型”族样板文件,并保存为“筒瓦族. rfa”。

2. 打开“项目浏览器”窗口→“立面”→“前”视图,可在视图区中看到有上下两个参照标高,此处使用基于“上部参照标高”的“屋顶”之上绘制。

3. 在左视图状态下,在绘图区中中心线两侧对称性添两个参照平面,两者间距为 220,分别命名为“自定义-前”和“自定义-后”,从上部参照标高视图看如图 7-32 所示。

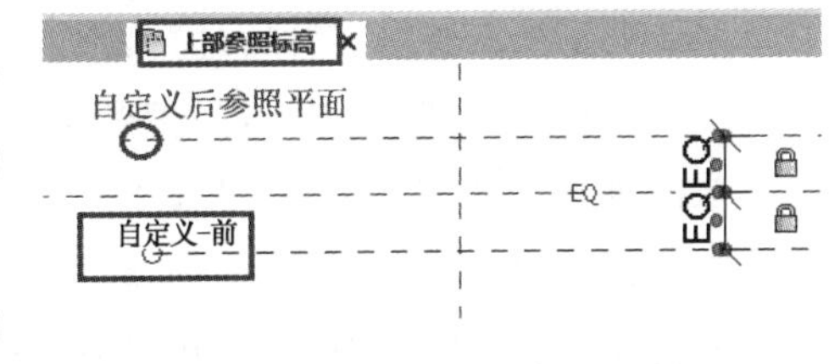

图 7-32

4. 执行“创建”选项卡→“放样融合”命令,先绘制路径,点击“创建”选项卡→“设置”图标,在出现的对话框中,点取“拾取一个工作平面”选项,再在“上部参照标高”视图下点选竖直的中间参照平面,再在出现的对话框中选择“立面:左”,然后在两个参照平面与水平参照平面的交点间绘制直线,最后点击绿色的对号完成路径编辑模式。

5. 不改变当前视图,用鼠标**框选**路径线**左边**的一个红点,点击“修改|放样融合”选项卡→“编辑轮廓”命令,在出现的“转换视图”对话框中,选择“立面:前”视图。

6. 以当前红点所在位置为中心,创建如图 7-33 所示的半径为 75 的圆弧和弦长 200、半径 150 的圆弧。

7. 将两个圆弧都向**下先偏移** 4 **再偏移** 8,删除最上面的两个圆弧,右边两圆弧最右端点间的直线连接后,向外偏移 8,并进行修改,将外侧两端连线使得变为一个封闭连接线,然后整体移动到最低点与屋顶相重合位置,如图 7-34 所示。

8. 点击绿色的对号,然后执行“选择轮廓 2”图标命令,再点击“编辑轮廓”命令,此时原来做的封闭线变成灰色,在此状态下绘制如图 7-33 所示的两个圆弧。

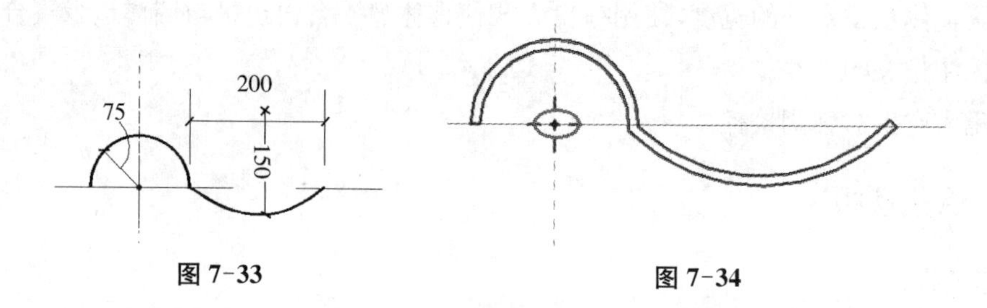

图 7-33　　　　图 7-34

9. 将左边圆弧向上偏移 12 mm,右边圆弧向下两次各偏移 12 mm,删除右侧最上面的圆弧,两圆弧间的直线向两边各偏移 5 mm,并进行修改,将外侧两端连线使得变为一个封闭连接线,如图 7-35 所示。

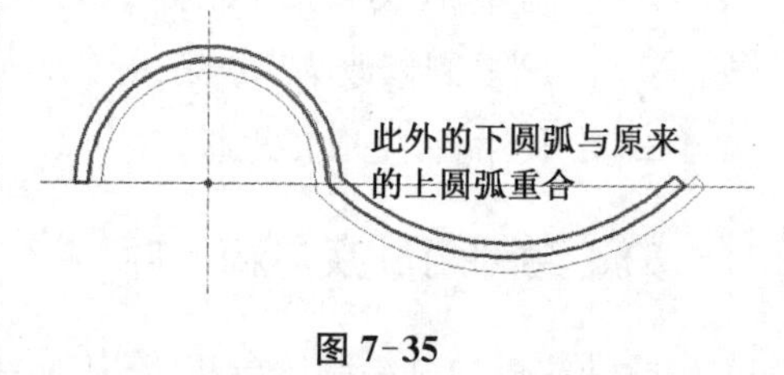

图 7-35

10. 点击两次绿色对号,完成实体创建,并将创建的实体向上移动,使得最下边与屋顶平面重合。

11. 选中刚才创建的筒瓦实体,设置材质,新建材质名称为“筒瓦-黛绿色”,外观的 RGB={70, 100, 100}。

12. 选中筒瓦实体,点击“属性”窗口中的“材质”右边的按钮,打开“关联族参数”对话框,新建名为“筒瓦颜色”的参数,从而实现筒瓦族中的颜色能够传递到调用此族的项目。

13. 观察三维效果,并保存筒瓦族。

14. 另存“筒瓦族”为“筒瓦-滴水族”,进入“上部参照标高”视图。

15. 执行“创建”选项卡→“设置”,在出现的对话框中,选择“拾取一个工作平面”,点取“自定义-前”参照平面。

16. 在当前参照平面中的滴水位置处,执行“拉伸”命令,绘制轮廓时,使用圆弧和样条曲线,绘制如图 7-36(a)所示的形状,拉伸起点为 0,拉伸终点为 15,然后点绿色对号完成拉伸命令。

17. 设置滴水的材质,并为以后项目调用设置材质参数关联,方法与此处的第 11 和第 12 步相同。

18. 同样,绘制凸出瓦处的勾头,大致形状如图 7-36(b)所示,并拉伸,方法同前。

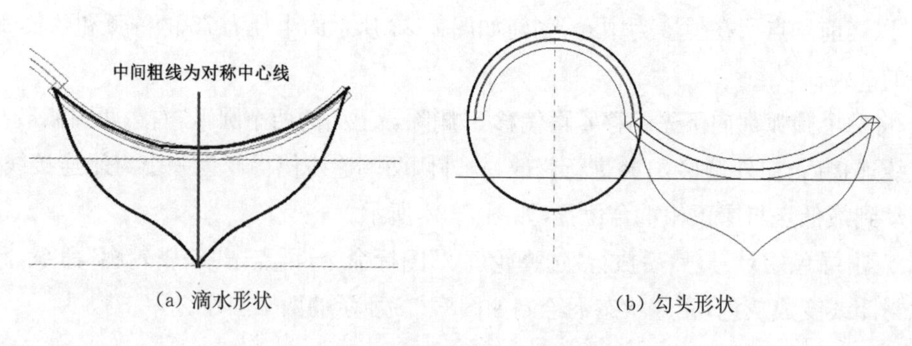

(a) 滴水形状　　(b) 勾头形状

图 7-36

19. 进入“立面”→“左”，绘制如图 7-37(a)所示的参照平面，且与垂直参照平面间夹角为 15 度。

20. 将刚才绘制的滴水和勾头实体旋转 15 度，并向左多移动一些，使得它们远离筒瓦。

21. 在筒瓦处绘制空心拉伸，如图 7-37(a)所示，然后将滴水和勾头移动到切割后的筒瓦处，并保持最上的两个端点重叠，如图 7-37(b)所示。

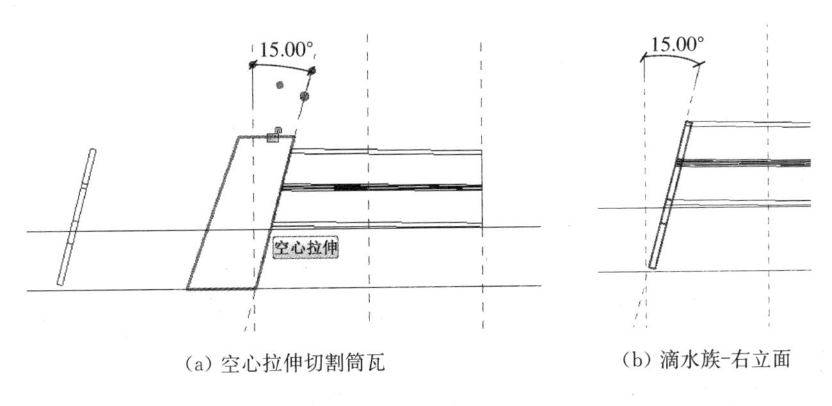

(a) 空心拉伸切割筒瓦　　(b) 滴水族-右立面

图 7-37

22. 观看三维效果，保存“筒瓦-滴水族”，此处可将勾头和滴水两个实体做成一个，留给读者自己练习。

十、绘制侧门台阶门头

1. 使用内建模型，创建台阶和侧墩

(1) 执行“建筑”选项卡→“构件”→“内建模型”命令，在打开的“族类别和族参数”对话框中，选择“常规模型”，并命名为“侧面台阶”，此时一层平面图变为灰色不可修改状态。

(2) 执行“创建”选项卡→“设置”命令，在出现的对话框中，选择“拾取一个平面”项，点选 B 轴线，然后在出现的“转到视图”对话框中，选择“立面:南”，并打开视图。

(3) 执行“创建”选项卡→“拉伸”命令，按如图 7-38 所示的尺寸绘制封闭形状，拉伸长度任意，材质赋予“大理石”。

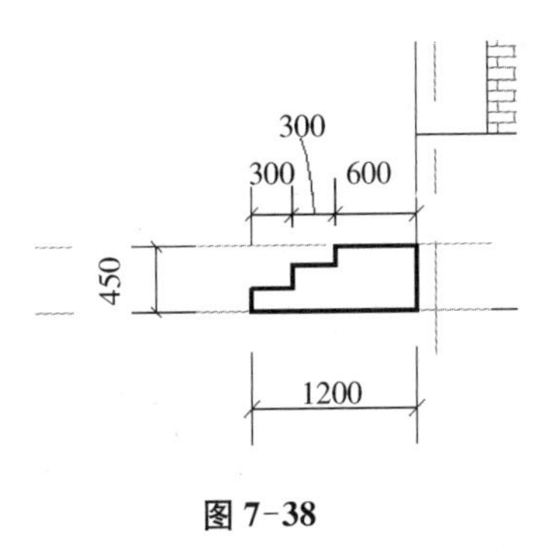

图 7-38

(4) 修改 1F 楼层平面属性中的“视图范围”，修改“底部偏移”和“视图深度”均为“－100”。

(5) 进入 1F 视图平面，双击台阶，修改“拉伸起点”为“750”，“拉伸终点”为“1950”，然后点击绿色对号。

(6) 再次使用内建模型命令，绘制侧面拉伸形状，如图 7-39所示，拉伸厚度为 100，“拉伸起点”为“650”，“拉伸终点”为“750”，并赋予材质“混凝土砌块”。

(7) 使用当前“创建”选项卡→“放样”命令，沿图 7-39 中的“标注 700 水平直线-斜线-标注垂直 300 直线”绘制路径。

(8) 绘制截面轮廓，如图 7-40 所示，产生实体，并赋予材质“瓷砖，石料和陶瓷混合”。

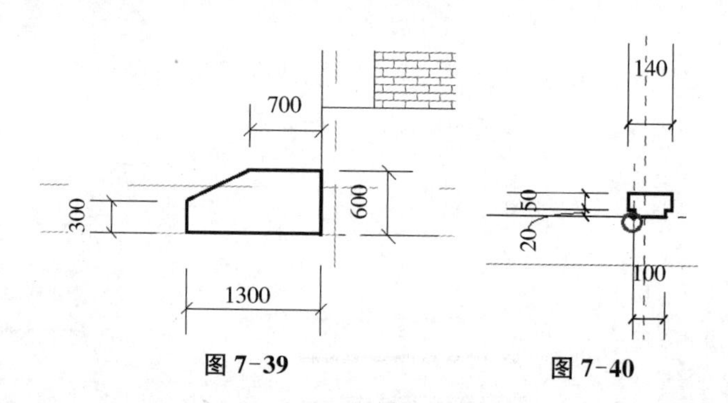

图 7-39　　图 7-40

(9) 点击绿色对号，利用镜像命令，将刚才绘制的侧墩镜像产生台阶处的另一侧。

(10) 两次镜像，产生另外一户的侧面台阶和侧墩，并保存项目。

2. 绘制门头

(1) 在侧门台阶外边缘所在的垂直立面上，绘制拉伸轮廓，如图 7-41(a)所示，拉伸长度为 100 mm。

(2) 在刚才绘制的上边至斜线处，绘制放样路径，其中斜线长 900，截面轮廓如图 7-41(b)所示。

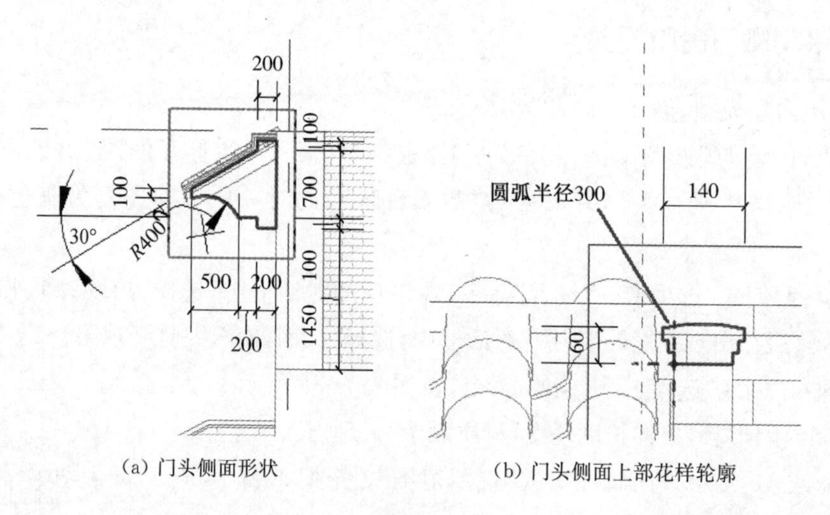

(a) 门头侧面形状　　(b) 门头侧面上部花样轮廓

图 7-41

(3) 镜像产生同一门头侧面的对称面，并点击绿色对号，完成内建模型创建。

(4) 使用“建筑”选项卡→“屋顶”→“迹线屋顶”命令，产生倾斜单面的屋顶(可伸入到墙体内半墙，外到台阶上部平台的外边界)，角度为 30 度(方法可参看项目三第二节最后相关内容)。

(5) 加载前面创建的筒瓦族和筒瓦-滴水族；并从族中拖动各产生一个实体到侧门的门

头的屋顶之上，如果在 1F 平面视图中不可见，请自行调整视图范围，并在三维状态下观看效果，如果方向不对，请使用镜像命令调整。

(6) 将第一个筒瓦实体移动到此门头屋顶左上角的适当位置处，然后使用多个复制方法径向复制，距离区间为 180 至 200，产生一列筒瓦实体，并在该列筒瓦屋檐处，将筒瓦-滴水实体移动到适当位置。

(7) 选择此列的筒瓦和最后一个筒瓦-滴水全部实体，横向复制，产生其他多个列，直到布满此处整个屋面，效果如图 7-42 所示。

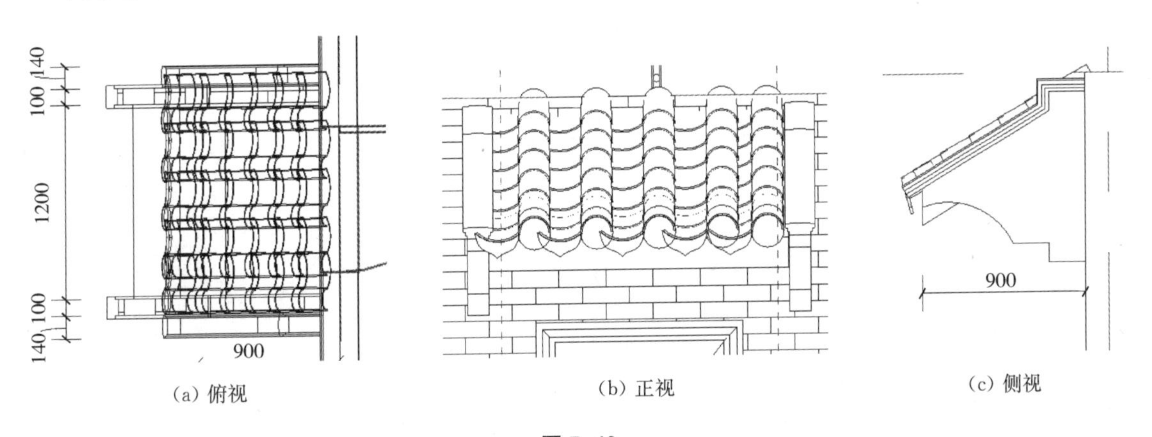

图 7-42

(8) 利用镜像命令，将整个门头镜像产生到另一户的侧面，最后保存项目。

十一、绘制大门台阶门头

1. 绘制台阶

使用前面学习过的方法，按图 7-43 所示的尺寸绘制台阶。

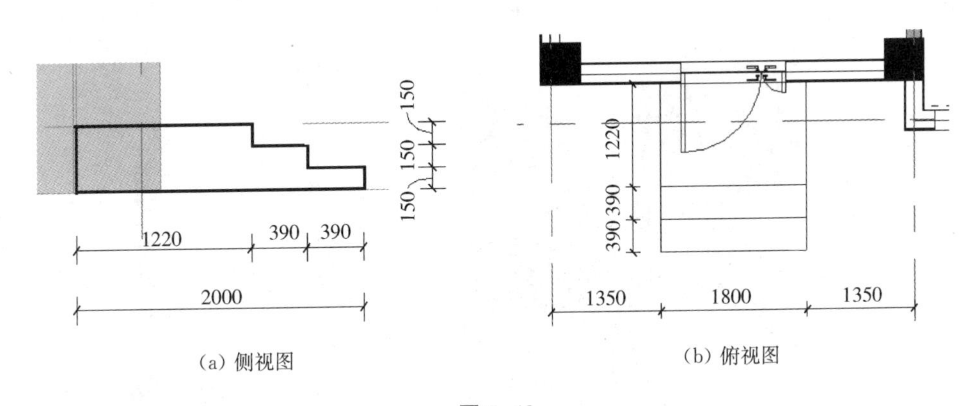

图 7-43

2. 绘制单个侧面墙体

(1) 执行“建筑”选项卡→“墙”→“面墙”命令，选择墙体的类型为“常规- 90 mm 砖”，复制修改成“常规- 120 mm 砖”，然后从侧面点击刚才绘制的台阶，这时会自动产生一个墙体，进入 1F 平面视图,可见其会与台阶部分重叠,将墙体向外移动至墙体与台阶为紧邻关系。

(2) 从侧面双击墙体,修改墙体边界线,形状及尺寸如图 7-44 所示,修改完成后,点击绿色的对号完成操作。

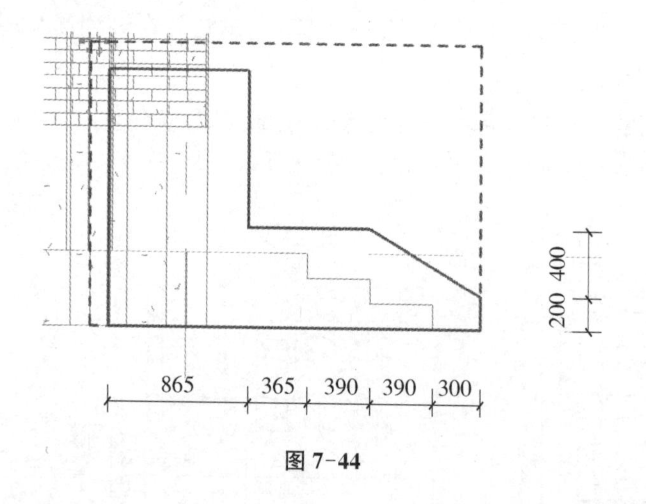

图 7-44

3. 绘制单坡形屋顶

使用前面讲过的方法,读者自己绘制单坡形屋顶,投影尺寸为 1920 mm×1200 mm,坡度为 20 度,靠近墙侧的高度为 2500 mm,楼板厚 100 mm。

4. 将单个侧面墙体与单坡屋顶间实现连接,双击墙体后,变为"编辑轮廓"模式,将上面的线编辑移动到屋顶下面重合后,点击绿色对号即可,然后通过镜像方法产生大门处另一侧墙体。

5. 绘制大门头屋顶两侧的造型,其截面的尺寸长 260 mm,宽 160 mm,上部为圆弧,半径为 320 mm,拉伸长度自定。

6. 大门处的效果如图 7-45 所示,选择此大门处全部,镜像产生另一户的大门全部。

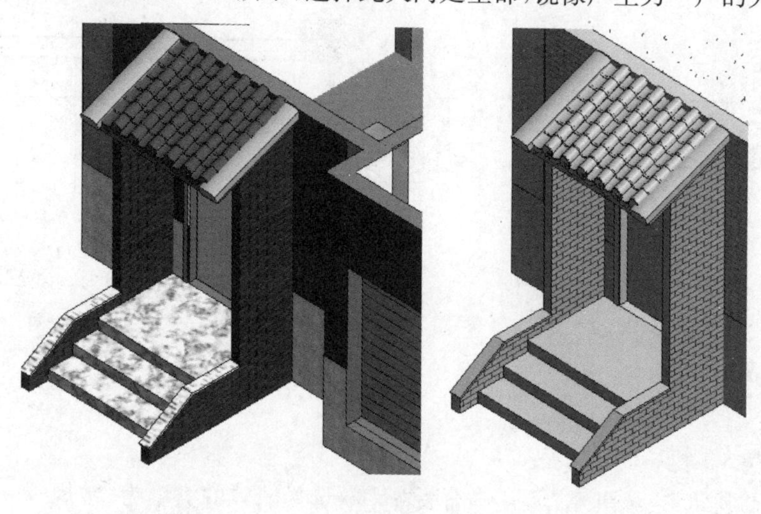

图 7-45

第二节　二、三层图形绘制

一、二层图形的绘制

二层图形相对简单，请读者复制一层的图形到二层后，删除不需要的构件，添加一些墙体、门窗，并按门底高 0、窗底高 1000 mm 绘制到相应的位置，所有的柱子底高(在三维下修改)为 0。

二层修改时有几个注意点：

1. 外墙不是叠层墙，外墙底部偏移－150 mm(请考虑为什么)。
2. 所有的柱子底部约束为 2F，底部偏移为 0。
3. 绘制完成后，要注意添加二层的楼板且在楼梯处留有洞口，楼板厚度为 150 mm。
4. 更换门窗后，要将其类型标记显示出来，并调整到适当位置。

二、三层图形的绘制

三层的内墙和门窗绘制方法与二层类似，三层图形主要是休息平台处的变化、坡屋顶。这些变化处的主要操作过程如下：

1. 修改休息平台处的墙体，删除不需要的外墙，将休息平台处原来的内墙改为外墙。
2. 修改休息平台处的门为格栅门(同一层外侧侧门)，尺寸不变。
3. 新建立墙体，命名为“女儿墙上部-宽 300 mm×厚 200 mm”，结构材质为“混凝土，现场浇注- C60”，结构厚度为“300”。
4. 新建立叠层墙，命名为“女儿墙”，其结构编辑如图 7-46 所示。

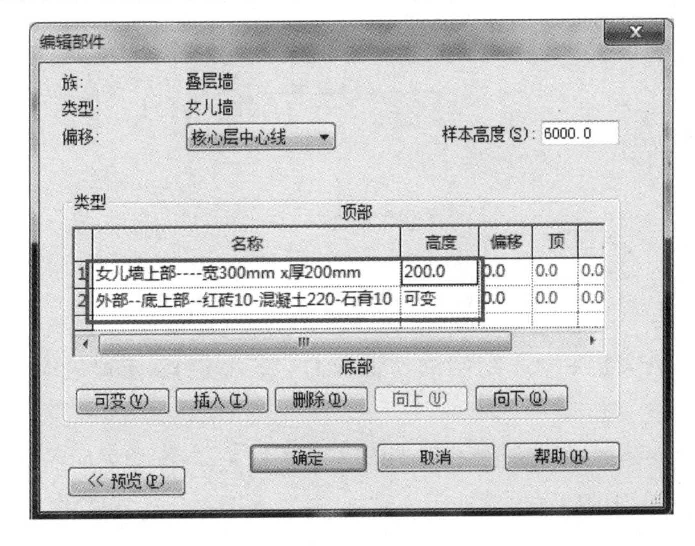

图 7-46

5. 绘制女儿墙，设置其“底部约束”为“3F”，“顶部约束”为“无连接”，“无连接高度”为“1400”，其长度数据参看图 7-5。

6. 绘制休息平台处的两个美人靠，此处仅对一个作详细说明，另一个请读者自己绘制：

(1) 新建立“族”，使用“公制常规模型”，并命名为“美人靠-族”。

(2) 绘制如图 7-47 所示的参照平面，然后绘制两个长方形拉伸实体作为支撑，拉伸高度为 400 mm。

(3) 绘制长方体 2650 mm×450 mm×100 mm 面板，放置于两个支撑上面，并赋予“木纹”材质。

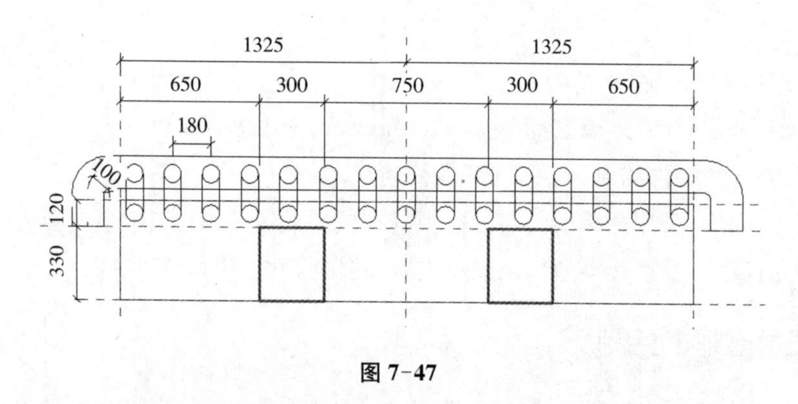

图 7-47

(4) 在左视图中，使用路径放样方式创建直径为 80 mm 的弯曲圆柱，弯曲线使用样条曲线绘制，结果如图 7-48 所示，并赋予“木纹”材质。

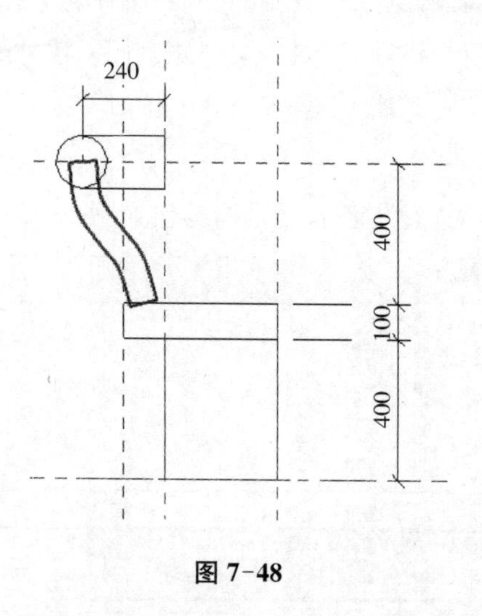

图 7-48

(5) 从前视图中，选择刚才绘制的弯曲圆柱，阵列多个，使得两个相邻圆柱间距为 180 mm。

(6) 按图 7-47 所示，绘制靠背扶手，并赋予木纹材质，三维效果如图 7-49 所示。

7. 在 3F 楼层平面中插入绘制的美人靠族，并对齐调整到适当位置。

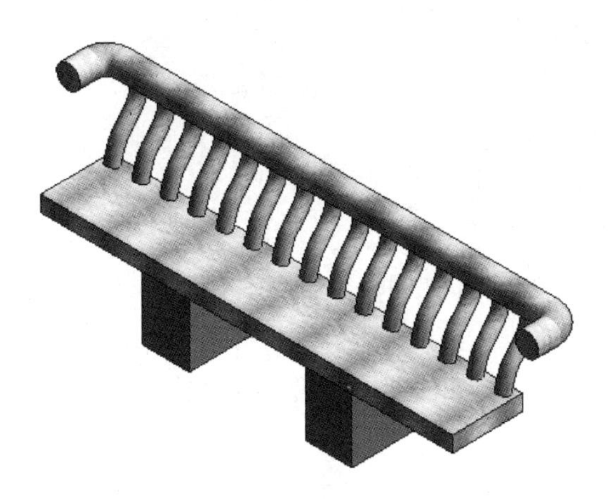

图 7-49

8. 另一个美人靠在刚才绘制的基础之上进行局部修改即可，此处不再赘述。

9. 绘制南边的单坡屋顶，投影形状如图 7-50 所示。

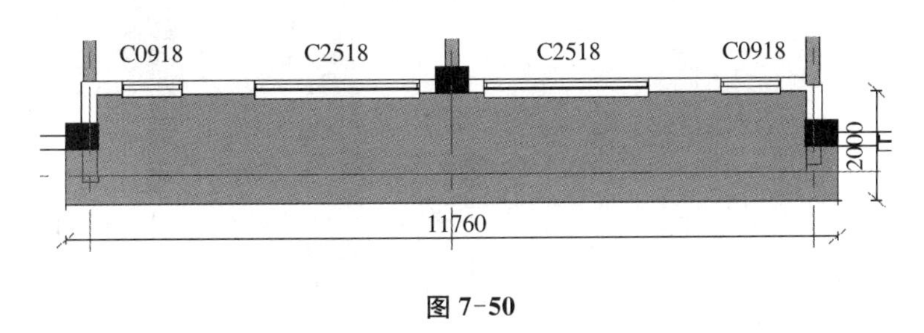

图 7-50

(1) 与前面绘制单坡屋顶的方法类似，此处要求宽为 2000 mm，为不规则矩形，“属性”窗口中的“底部标高”为“3F”，“自标高的底部偏移”为“－300”，“坡度”为“20°”。

(2) 将两端墙体和外侧墙体以及中间二层外墙处的柱子附着到坡屋顶。

(3) 插入筒瓦和滴水，先定位中间最上面，然后向下复制，间距为 170 mm，一列完成后，向两边复制，间距为 330 mm。

(4) 绘制两端的造型与前面内建模型创建方法一致，材质使用白色涂料，其余留给读者自己发挥。

第三节　四层与屋顶图形绘制

一、四层图形的复制与修改

由第三层复制产生四层，修改的内容主要有：

1. 先修改墙体，轴线 2 和轴线 4 上均为外墙。

2. 所有的窗底高均为 800 mm。

3. 所有墙体与柱子要求顶部约束为屋檐且顶部偏移为 0。

4. 移动卫生间在卧室的墙体。

5. 绘制储物间。

6. 楼梯有一侧增加栏杆扶手。

7. 创建阳台的中国结栏杆族，如图 7-51 所示，使用拉伸和放样绘制，中国结两个粗横杆的圆半径为 20 mm，其余放样的截面使用半径为 10 mm 的圆，长方形的拉伸厚度为 100 mm(图中的标注 53 应为 52.5，此处是四舍五入导致的结果)。

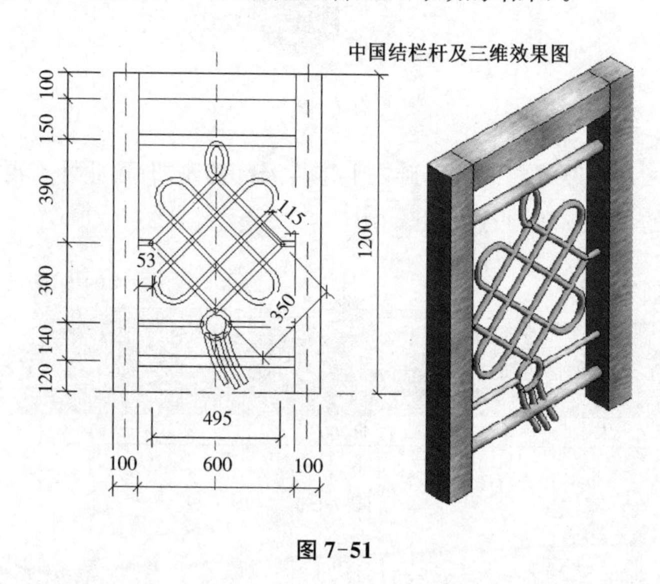

图 7-51

8. 将图 7-51 两端拉伸的 100 mm×100 mm 的竖杆删除后，再另存一个族，族名字自定。

9. 按图 7-6 和图 7-7 所示中国结的位置，放置此处创建的两个族。

10. 绘制阳台中国结栏杆两端的墙为女儿墙。

11. 晾台的绘制方法与阳台相同。

二、屋顶绘制

1. 执行“建筑”选项卡→“屋顶”→“拉伸屋顶”命令，从“东”或“西”两个视图，绘制坡度为 21 度的屋顶，屋顶使用“常规- 125 mm”，注意屋顶向四周外墙外伸出长度 600 mm，如图 7-52所示。

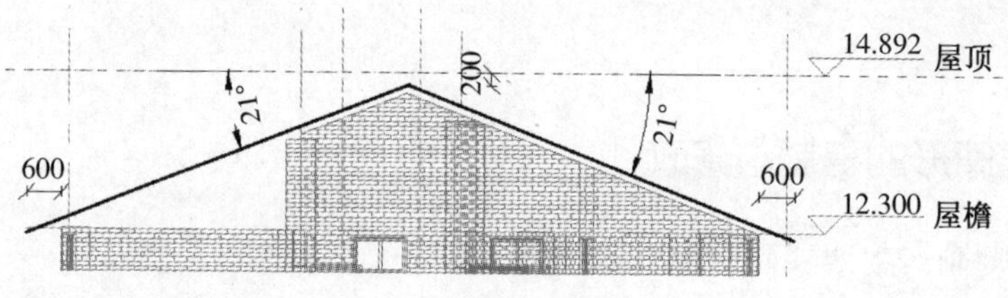

图 7-52

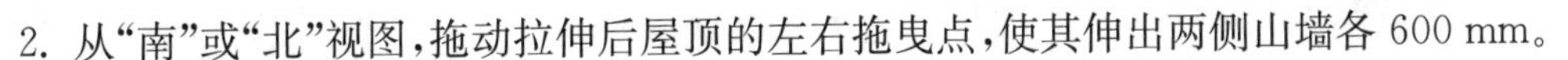

2. 从“南”或“北”视图，拖动拉伸后屋顶的左右拖曳点，使其伸出两侧山墙各 600 mm。

3. 可以使用迹线屋顶的方法绘制此屋顶，只是分成两个单坡屋顶分别绘制，绘制后，注意调整移动屋顶图形。

4. 使用“内建模型”中的“常规模型”，执行“放样”命令绘制屋脊。放样时，可通过东或西视图在屋脊处先绘制一个参照平面，然后按南立面中的屋脊的形状绘制放样路径，放样截面如图 7-53 所示，图中三种圆弧的半径分别为 125 mm、150 mm、220 mm。

5. 用类似方法绘制屋顶山墙侧的造型，其放样截面如图 7-54 所示，图中圆弧半径为 180 mm。

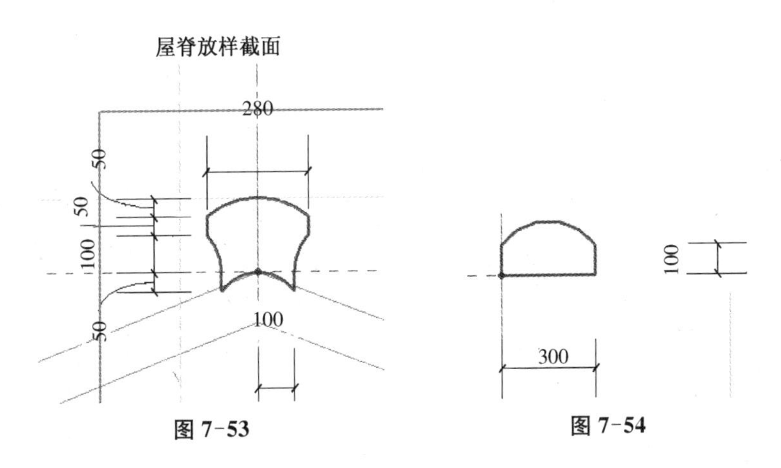

图 7-53　　图 7-54

6. 在屋檐视图中放置筒瓦和滴水，先放置在轴线 3 上，然后多个复制处理，按 170 mm×330 mm 的矩阵性质复制排放，如不能看到排放效果，可调整屋檐视图中的“视图范围”。

7. 赋予屋脊和四个造型材质，颜色 RGB={90, 90, 110}。

8. 使用三维视图中的剖面框，逐段拖曳剖面框的拖曳点，将 4F 中的所有墙体(不含女儿墙)和柱子附着到屋顶。

9. 再次进入 4F 视图平面，绘制几个卧室和卫生间的**天花板**，在“属性”窗口中，使用“复合天花板 600×600 mm 轴网”，且“自标高的高度偏移”为“2600”。

10. 保存图形。

第四节　门窗明细表、附件与出图

一、门窗明细表

按前面所学习的方法，创建门窗明细表(高度、宽度、底高度的单位均为 mm)，如表 7-1 和表 7-2 所示：

表 7-1 门明细表

类型标记	1F	2F	3F	4F	宽度/mm	高度/mm	合计
CKM5021	2	0	0	0	5000	2100	2
M0821	0	4	4	4	800	2100	12
M0921	4	8	6	4	900	2100	22
M1321	2	0	0	0	1300	2100	2
格栅 M0921	2	0	2	6	900	2100	10

表 7-2 窗明细表

类型标记	1F	2F	3F	4F	宽度/mm	高度/mm	底高度/mm	合计
C0918	0	0	0	6	900	1800	800	6
C0918	2	8	8	0	900	1800	1000	18
C2018	0	0	0	2	2000	1800	800	2
C2018	2	2	2	0	2000	1800	1000	6
C2518	0	0	0	4	2500	1800	800	4
C2518	2	6	4	0	2500	1800	1000	12

二、附件

1. 车库坡道

尽管 Revit 提供了坡道命令，但它的使用不尽如人意。在此，建议使用内建模型的方式创建截面拉伸产生。

操作过程：

(1) 在打开 1F 平面视图后，执行“建筑”选项卡→“构件”→“内建模型”，在打开的对话框中，选择“常规模型”，并命名为“车库门口坡道”。

(2) 在新转换的选项卡界面中，执行“创建”→“设置工作平面”，选择车库附近轴线 2 左侧的外墙面作为工作平面，即外墙左侧作为工作平面。

(3) 执行拉伸命令，绘制长 1700 mm、高 450 mm 的直角三角形，拉伸长度为“−11250”。

2. 散水

绘制散水方法有两种，一是使用放样的方法产生，另一种是使用楼板的方法编辑修改子图元。此处只讲第二种方法，操作过程为：

(1) 执行“建筑”选项卡→“楼板”→“建筑：楼板”命令，两次沿墙体外墙侧绘制矩形，散水宽度为 900 mm。

(2) 修改车库处与车库坡道相交的线，其结果为如图 7-55 所示的闭合线。

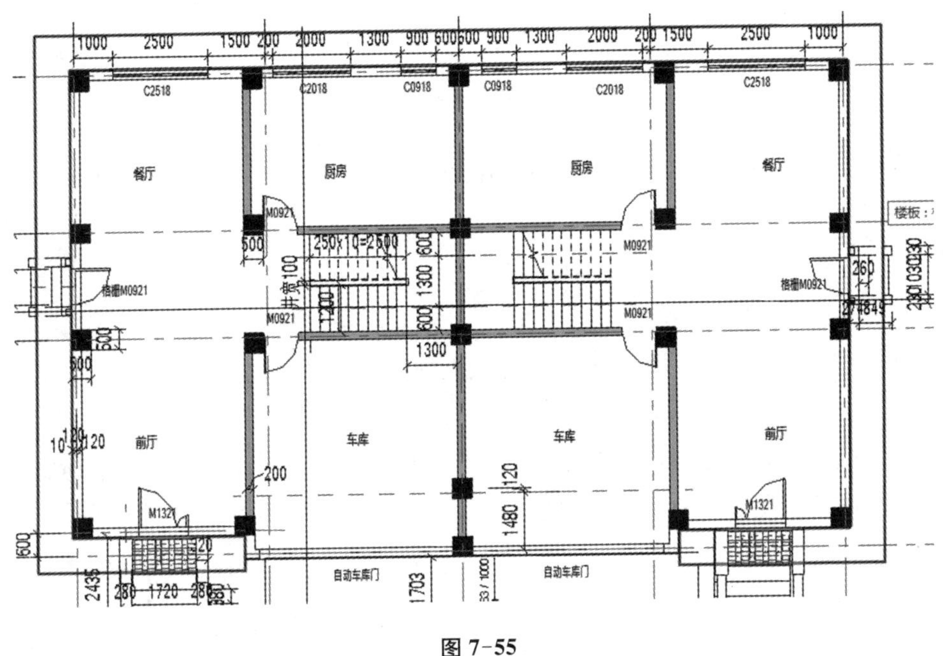

图 7-55

(3) 选择楼板类型为“常规- 150 mm”，改为厚度 75 mm，完成楼板创建。

(4) 选中楼板，在三维下观察，修改属性中的“标高”为“地面”，“自标高的高度偏移”数据为“150”。

(5) 在三维下，选中楼板，执行新出现的“修改|楼板”选项卡→“修改子图元”命令，此时楼板的每个角会出现一个矩形特征点，点取一个外侧角落的矩形特征点，会出现一对上下拖曳方向的标记，鼠标点在向下的方向拖曳点上，仔细观看，会看到有一个临时标注性的数据提示，此时按住鼠标左键不放，输入数据“75”后，按回车键，可见到此处发生高度变化(也可在点选需要修改的点后，在其附近出现一个数据，点此数据修改高度)，如图 7-56 所示。

(6) 用同样方法逐个修改外侧的子图元的高度，完成散水绘制。

(7) 在三维线框模式下，也可点选子模式下的线条修改高度。

(8) 结束编辑，按键盘 Esc 键退出楼板的编辑状态。

3. 墙饰条

墙体装饰条和墙体分隔条性质相同，但起不同作用，一个是添加，一个是分割，两者都要

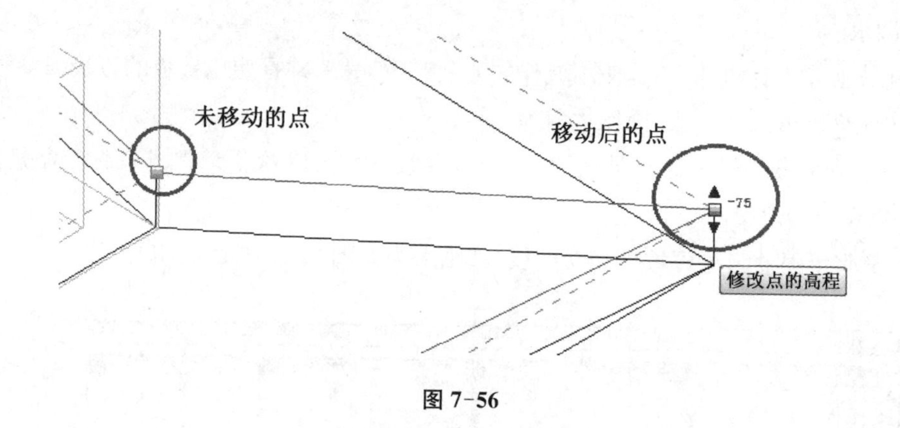

图 7-56

在三维状态下进行附着于墙体的操作。此操作相对简单,请读者自己尝试使用。

三、出图

1. 将各个图纸中的标注细化。

2. 将各平面图和各立面图的属性中“图纸上的标题”设置相应的名称,如“1F”的设置为“一层平面图 1∶100”。

3. 在不同的平面、立面图中,观察是否有参照平面线过长,将其适当删除或拖曳缩短。

4. 在如图 7-3 所示的位置处,添加“剖面 1”,并在 1F 平面和南立面视图中适当调整其剖切范围。

5. 同样绘制水平方向的剖面图 2-2。

6. 在各个立面中,如东立面的 4F 楼板处,由于 4F 女儿墙的底高为 0,导致 4F 的楼板处立面有部分未填充,此时修改女儿墙的底高为−150 mm。

7. 在各个立面中,同样如东立面的 4F 楼板处,由于 4F 处的栏杆底高为 0,而导致部分楼板未填充图案,此时对“项目浏览器”窗口→“族”→“详图项目”→“填充区域”中的“实体填充-黑色”复制,对复制后的对象重新命名为“砖填充图案”,然后在此之上按鼠标右键,点击“类型属性”,修改内容如图 7-57 所示,在修改后,拖动此填充方式到东立面绘图区,如图 7-58所示,填充后效果如图 7-59 所示。

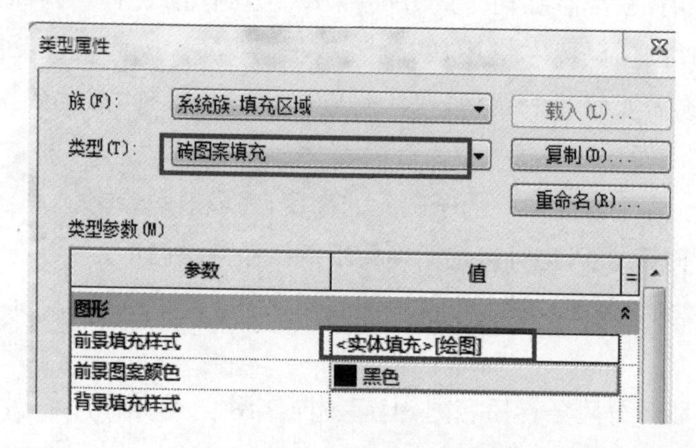

图 7-57

东立面4F阳台栏杆下楼板处未填充区域

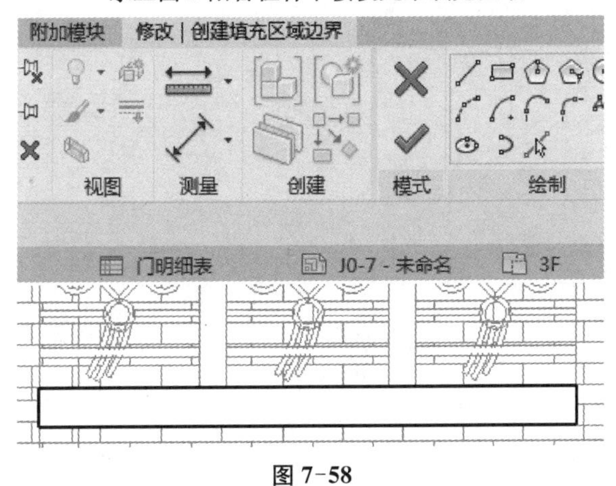

图 7-58

东立面4F阳台栏杆下楼板处填充后效果

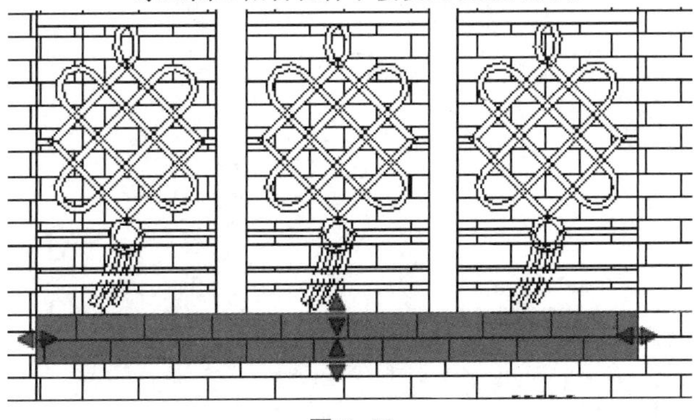

图 7-59

8. 修改各立面、剖面图中的轴线标注显示位置。

9. 对剖面图添加实体填充图案。

10. 加载前面定义的“A3——未来工程师设计院. rfa”图纸。

11. 使用前面学习过的方法,输出 PDF 图形,如图 7-3 至 7-12 所示。

参考文献

[1] 王婷. 全国 BIM 技能培训教程:Revit 初级[M]. 北京:中国电力出版社,2015.

[2] 曾浩,王小梅,唐彩虹. BIM 建模与应用教程[M]. 北京:北京大学出版社,2018.

[3] 王华康. 天正建筑 TArch 7.5 实训教程[M]. 北京:知识产权出版社,2009.

[4] 王华康. 循序渐进 AutoCAD 2010 实训教程[M]. 南京:东南大学出版社,2011.

[5] 中华人民共和国住房和城乡建设部. 建筑工程设计信息模型制图标准: JGJ/T 448—2018[S]. 北京:中国建筑工业出版社,2018.

[6] 中华人民共和国住房和城乡建设部. 建筑信息模型应用统一标准: GB/T 51212—2016[S]. 北京:中国建筑工业出版社,2016.